茶薪菇子实体形态

白茶薪菇

茶薪菇菌袋培养

菌袋开口增氧

茶薪菇菌袋出菇现场

茶薪菇覆土出菇

茶薪菇层架集约化栽培出菇

茶薪菇室内出菇

茶薪菇采收整理

保鲜菇装箱

产品摆筛排湿

烘干成品

干品集堆

干品包装防潮

作者方金山在江西农函大培训班上传授茶薪菇无公害栽培技术

茶薪菇培训班学员聚精会神听课

作者方金山（左）深入生产基地指导无公害栽培茶薪菇技术

江西省无公害农产品(蔬菜)产地

江西省农业厅授

有效期：二〇〇六年一月至二〇〇九年一月

作者所在地的临川区茶薪菇生产被省农业厅授予“江西省无公害农产品（蔬菜）产地”

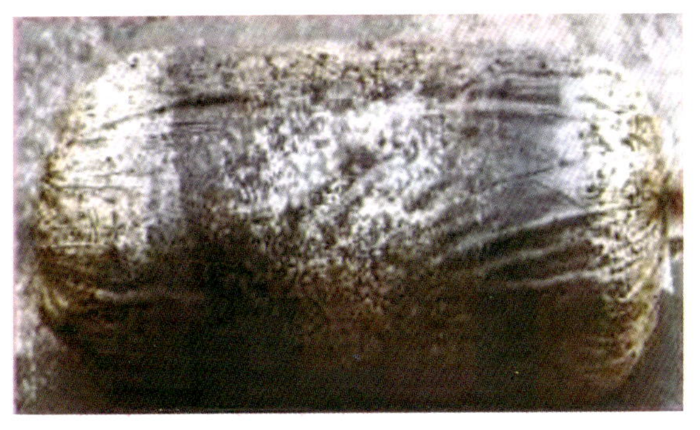

放线菌污染的菌袋

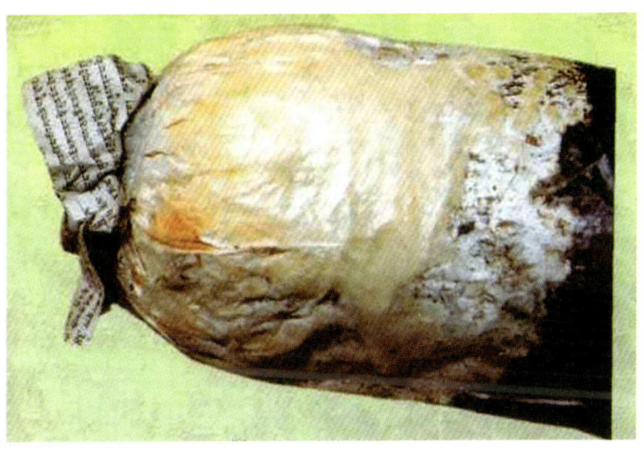

酵母菌污染的菌袋

木霉污染的菌袋

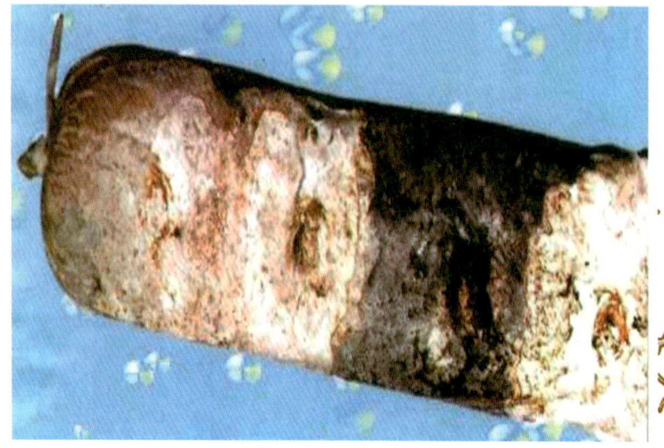

青霉污染的菌袋

链孢霉污染的菌袋

毛霉污染的菌瓶

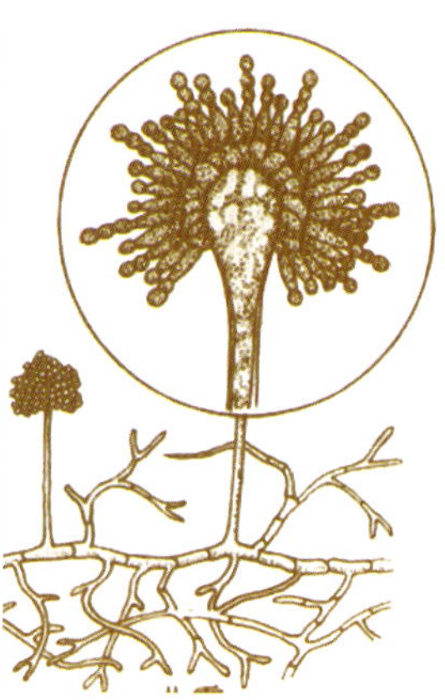

黄曲霉污染的菌瓶与菌袋

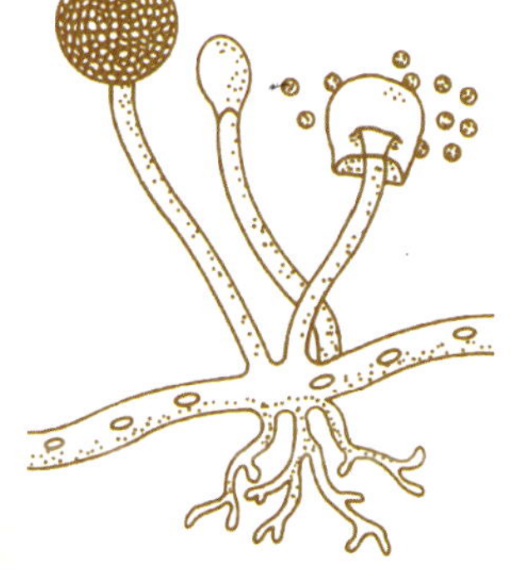

根霉污染的菌瓶与菌袋

黏菌污染的菌袋、菇床

盘菌污染的菇床

木屑秸秆切粉联合机（能将秸秆或直径11厘米以下的树杈、树头切粉成适合栽培食用菌的原料）

拌料机（拌料均匀，大大减轻劳动强度，节省劳动力）

拌料装袋（瓶）生产线（入料、拌料、上水一体化、自动化进行，装料高低可调、松紧可控）

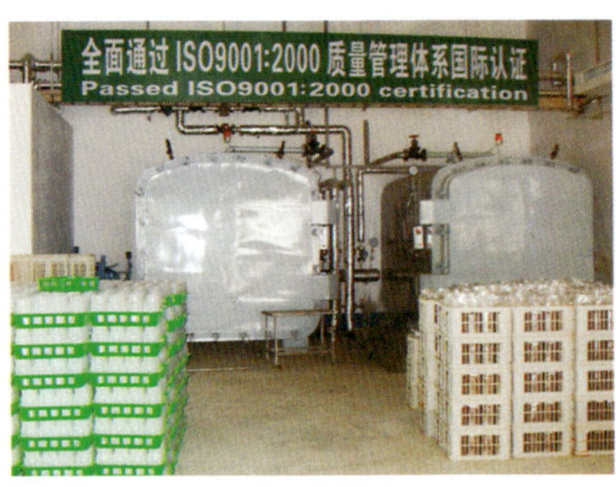

高压灭菌柜（灭菌时间短，安全、彻底）

百级净化传输接种线（结构紧凑、自动化程度高、操作方便、速度可调、运行平稳）

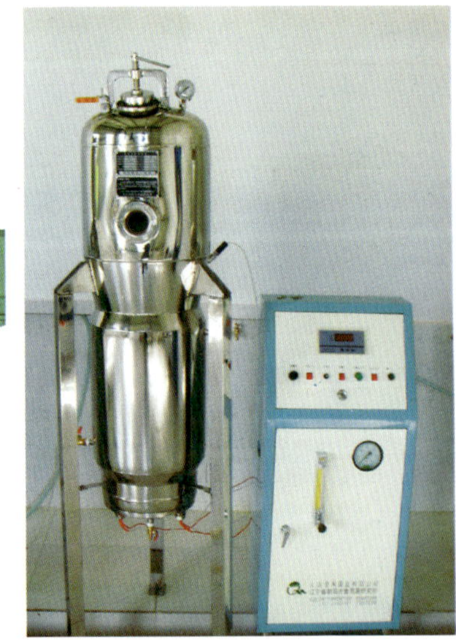

液体菌种培养器

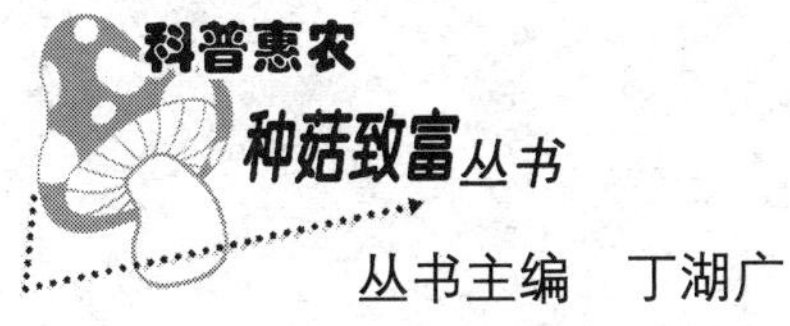

丛书主编　丁湖广

茶薪菇无公害栽培实用新技术

包水明　方金山　李荣同　编著

中国农业出版社

内容提要

本书由东华理工大学生物系教授包水明、副教授李荣同和金山生物科技开发中心总经理兼高级农技师方金山编著。内容包括茶薪菇概述、茶薪菇的生物学基础、茶薪菇无公害栽培设施要求、茶薪菇无公害菌种制作技术、茶薪菇无公害栽培高产技术、茶薪菇病虫害无公害防治技术、茶薪菇保鲜与加工技术 7 个方面。本书内容新颖，技术规范，可操作性强，文字通俗易懂，适于广大菇农和食用菌技术人员阅读应用，同时对农林院校师生、科研单位人员亦有一定的参考价值，还可作为职业技能培训教材。

编委会

科普惠农种菇致富丛书

主　编： 丁湖广

副主编： 谢宝贵　吕作舟　丛明日

编　委：（按姓氏笔画为序）

丁宁宁　丁荣峰　丁荣辉　丁靖靖
丁湖广　于　田　于清伟　王月娥
王凤春　王志军　王卓仁　王明才
王绍余　王剑寒　王德林　方金山
邓优锦　丛明日　丛朝日　包水明
安秀荣　李　晓　刘　卿　刘永衵
刘永宝　朱　坚　杜树旺　吕作舟
吕智鹏　邹积华　邹雪玉　陈国平
陈夏娇　罗信昌　张绪璋　张维瑞
林衍铨　赵竹青　赵国强　钟冬季
钟秀媚　黄　贺　黄日明　喻初权
谢宝贵　赖志斌

主　审： 罗信昌

出版说明

近年来我国食用菌产业发展较快，生产品种、产品数量及出口量均居世界首位。尤其加入世贸组织之后，给食用菌产品走向世界带来了更多机遇。然而，随着时间的推移，各国先后出台名目繁多非关税的技术壁垒、绿色壁垒、环保壁垒等，给中国菇品出口带来了新的阻碍。在国内，随着经济发展和社会进步，以及《农产品质量安全法》的实施，消费者安全意识日益增强，“吃放心菇”成了人心所向，实行产品市场准入制度，也是大势所趋。

然而目前我国农村现有食用菌生产大多是一家一户，设备简陋，管理粗放，产品质量很难达到新形势发展的要求，这直接影响了产业的升级，也影响了农民种菇效益。究其原因主要是农民科学素养和生产技术满足不了现代食用菌生产的要求。党的十七大把提高全民科学素养作为建设社会主义新农村，加速全面实现小康社会的一个重要内容来抓。《科普惠农种菇致富丛书》实际是围绕着提高全民科学素养这个目标，通过丛书传播普及种菇新技术，提高农民种菇技术水平；具体实施《农产品质量安全法》有关规定，把无公害生产落实到每个品种的各个技术环节中，促使产品质量进一步得到提高，使农民种菇获得更好的经济效益。这是丛书出版的目的和意义。

我们相信这套丛书问世后，将推动我国食用菌产业的可持续发展，促进我国食用菌产业进一步升级，不断把食用菌产业做大做强！

2009 年 2 月

[序]

菇菌的开发利用，在我国有着悠久的历史，据早期文献记载，在公元1世纪就开始采用原始的方法种植菇菌，从此开创了人类种菇的历史。目前世界性商业化栽培的10多种主要菇菌，绝大部分起源于我国。改革开放以来，在党的利好政策鼓励下，菇菌生产蓬勃发展，许多农民靠栽培食用菌实现脱贫致富，走上了小康之路。“菇菌好比摇钱树，种了菇菌能致富”成为许多农民的一句口头禅。菇菌种植业成为农村经济建设支柱产业的新亮点。从20世纪70年代就致力于研究和开发菇菌的古田县，目前菇菌收入已占农民总收入的1/3，被称之“一朵菇铺就了43万人民的致富路”。菇菌的发展不仅推进农业结构战略性调整，转变农业增长方式，提高农业综合生产能力和增值能力；而且丰富了人民食品结构的升级。如今，菇菌已成了亿万民众餐桌上不可或缺的一道家常菜。市场消费的上升，促进了食用菌产业向纵深发展。目前，我国已成为世界上最大的菇菌生产国和出口国，在国际菇菌市场上占有举足轻重的地位。

随着经济的全球化和人民群众对市场食品的新需求，菇菌业也要做大做强。温家宝总理在2008年的《政府工作报告》中强调：“加强发展高产优质高效生态安全农业，支持农业产业化经营和龙头企业发展”，这为菇菌业发展指明了方向。为了进一步发展菇菌业，普及无公害栽培实用新技术。根据中国科协、财政部“关于实施科普惠农兴村计划”的精神，福建省科普作家协会组编，与省内外45名专家联手编写了这

套《科普惠农种菇致富丛书》，共19册，每册6万～8万字。丛书系统地介绍了目前进入商业性生产的22种菇菌无公害栽培实用新技术。丛书融理论性、实践性于一体，吸纳新近研究和开发成果，重在普及实用技术，通俗易懂，可操作性强，适合广大农民和各级农村工作者阅读。

在丛书编写过程中各位编委满腔热情，主编丁湖广同志植根于中国食用菌之都——古田县，从事食用菌生产研究和科学技术普及工作40余载，对菇菌栽培有着很好的理论功底和丰富的实践经验，积极召集，统筹策划；各分册作者无私奉献，将第一线的技术创新与积累精心编写；华中农业大学罗信昌、吕作舟教授，福建农林大学谢宝贵教授，山东烟台牟平区农技推广中心丛明日研究员等呕心沥血，对丛书认真修改、严格把关，使编写任务如期完成。相信这套丛书的出版，将有助于普及种菇新技术，对发展高产优质高效生态安全农业起到积极推动作用，也是为社会主义新农村建设做了一件十分有意义的事情！

福建省科普作家协会理事长　林思翔

2009年2月

前言

茶薪菇自然分布于闽、赣、鄂、桂、云、贵等省、自治区。20世纪90年代在闽、赣交界的武夷山麓的江西广昌、黎川，福建的建宁、泰宁等地人工驯化栽培获得成功后，迅速推广到我国大江南北。

作为我国近十几年来新开发的珍稀食用菌产品之一，茶薪菇不论是鲜品还是干品，食之清脆爽口，香味浓郁，含有丰富的营养成分，而且保健、药用功效明显，实为一种高蛋白、低脂肪、可食可补的高档食品。

在茶薪菇人工驯化栽培成功之初，其身价昂贵，常常仅出现在都市餐饮业和盛大宴会的餐桌之上。后来随着茶薪菇产业的飞速发展，价格日趋合理，现今国内百姓亦能常常食之。一些产品亦已出口至东南亚各国及我国香港、澳门特别行政区，其市场容量日趋扩大，发展前景十分喜人。

近年来，尽管茶薪菇栽培规模得到了较大发展，但是大多是采用分散的家庭作坊式生产经营方式。这种生产方式缺乏统一的生产规程、产品标准，表现在从原料的选择、菌种制作、出菇管理、病虫害防治到产品加工过程不能严格按无公害食用菌生产技术规程操作，往往造成茶薪菇产品质量不符合标准，甚至部分产品有害成分超标，从而对食用者健康造成负面影响。长此以往必将造成茶薪菇市场容量的萎缩，进而影响茶薪菇产业的经济、社会效益及产业的可持续发展。

针对茶薪菇产业的现状，笔者在二十余年从事食用菌生产、科研、新技术推广的基础上，广泛收集各方面的资料、信息，编写成《科普惠农种菇致富丛书》分册《茶薪菇无公害栽培实用新技术》一书。本书内容力求反映茶薪菇科研、生产的最新理论与技术成果，以及生产经营理念，同时做到简便实用，通俗易懂，方便广大菇农阅读、掌握，指导生产。

在本书的编写过程中，我国著名食用菌专家丁湖广高级农艺师对书的编写提纲和内容进行了认真审阅并提出了具体的修改意见，华中农业大学罗信昌教授对该书进行了终审，并对一些内容进行了斧正，在此一并表示深切的谢意！由于该书收集资料范围较广，书中引用的成果涉及的作者难以一一枚举，在此深表歉意。由于本书编写时间仓促，加之笔者水平有限，谬误之处在所难免，敬请广大读者批评指正！

东华理工大学　包水明

2009年12月

目录

一、茶薪菇概述

（一）分类与分布

茶薪菇［*Agrocybe aegerita*（Brig.）Sing.］在分类学上隶属于担子菌亚门，层菌纲，伞菌目，粪锈伞科，田蘑属（田头菇属）。原生于南方油茶树上，俗称茶树菇。它与云南、贵州的杨树菇、柱状田头菇、柱状环锈伞以及我国台湾省和日本的柳松茸均属于同一物种，但在形态、品质、风味上有较大差异。

野生茶薪菇主要分布于我国闽、赣、鄂及黔、桂等省、自治区。野生状态下，生长于小乔木类油茶林腐朽的树根部及其周围，生长季节主要集中在春、夏之交及中秋前后。砍伐老林后的再生林中较多发生。人工驯化栽培始于闽、赣交界武夷山麓的江西省黎川、广昌和福建省建宁、泰宁等县。20 世纪 90 年代初试栽培成功后，迅速推广到全国各地。

（二）营养价值

茶薪菇的营养价值为世人瞩目，子实体盖肥柄脆，鲜食清脆爽口，味道鲜美。烤制成干菇更是风味独特，清香浓郁，味美香甜。茶薪菇富含蛋白质、碳水化合物和矿质元素，是集食用与营养于一身的绿色食品。根据国家食品质量监督检验中心检验报告：茶薪菇每 100 克（干菇）含蛋白质 14.2 克，纤维素 14.4 克，总糖 9.93 克，钾 4 713.9 毫克，钠 186.6 毫克，钙 26.2 毫克，铁 42.3 毫克。茶薪菇富含 18 种氨基酸，包括人体不能自行合成或转化，而必须从食物中摄取的 8 种必需氨基酸。此外，谷氨酸的含量较多，因而具有独特的鲜美风味（表 1）。

表 1　每 100 克茶薪菇氨基酸含量

单位：毫克

氨基酸种类		测定值	氨基酸种类		测定值
必需氨基酸	异亮氨酸	632.1	非必需氨基酸	丙氨酸	773.1
	亮氨酸	1 844.5		精氨酸	1 167.4
	赖氨酸	860.9		天门冬氨酸	1 422.9
	苯丙氨酸	653.7		胱氨酸	65.2
	苏氨酸	823.2		组氨酸	294.6
	缬氨酸	819.5		谷氨酸	2 126.9
	蛋氨酸	295.9		甘氨酸	558.6
	色氨酸	未测		脯氨酸	13.5
				丝氨酸	779.9
				酪氨酸	934.2

注：此表引自国家食品质量监督检验中心（北京）第 940201 号《关于混合料栽培茶树菇的检验报告》。

（三）产业现状及发展前景

1. 产业现状　茶薪菇为近年来新开发比较成功的珍稀菇品，发展较快。20 世纪 90 年代初期人工栽培试验成功之后，江西省黎川县率先推广，年产茶薪菇鲜菇仅有 1 万吨左右，以鲜销为主，部分加工成干品，行销各城市，成为时尚珍品。1993 年在深圳市场，每千克干品卖到 200～230 元，货源紧俏，供不应求。由此引发全国各地加快发展步伐，福建、广西、四川、河南、广东、湖南、云南、江苏、安徽等省、自治区，把发展茶薪菇生产列为农业产业结构调整的首选。现在茶薪菇产区遍及 19 个省、直辖市、自治区，产量直线上升。据中国食用菌商务网统计资料显示：全国茶薪菇产量2002年为48.422吨，2003年为42.971吨，2004年为122.494吨，2006年发展到221.980吨，仅4年时间就增长3.58倍。各省、自治区、直辖市产量见表2。

表2　2006年茶薪菇产量一览表

单位：吨

地　区	产　量	地　区	产　量
福建	128.600	安徽	1 093
江西	52.700	山东	900
贵州	10.000	江苏	800
湖南	7.000	北京	687
广东	6.000	湖北	500
广西	4.544	河北	350
河南	3.175	上海	346
浙江	3.000	云南	100
天津	2.000	陕西	75
辽宁	30		

尽管茶薪菇生产发展非常迅速，但是从目前而言，这一产业还存在急需解决的问题。主要表现为科研滞后，产品档次低；分散发展，无序经营；没有标准，缺乏品牌和知识产权保护意识；缺乏行业合作和产业龙头。

2. 发展前景　茶薪菇以其丰富的营养与保健价值和独特的风味口感深受消费者的青睐。现有产品主要以鲜货和干品行销于国内，部分产品已出口到东南亚各国。随着生产的发展，茶薪菇产品的价格日趋合理，因而从消费势头看，茶薪菇已成为居民“菜篮子”中的常见品。茶薪菇产品已实现了从“贵族化”向“大众化”的转变，昔日“王谢堂前燕”正在飞入“寻常百姓家”，市场容量正在日益扩大，因而发展前景十分看好。

(四) 无公害食用菌生产的意义与概念

食用菌是高蛋白、低脂肪的优质保健食品，它对于农业增效、农民增收、改善人们膳食结构及提高健康水平等方面具有重要意义。但随着产地环境的被污染，食用菌产品的污染和某些有害物质的超标时有发生，对其出口贸易和消费者的健康产生了威胁。大力推行无公害食用菌优质高效生产，意义重大，势在必行！

1. 无公害食用菌生产的意义 科学技术的发展，为人类社会带来了工农业生产的繁荣和社会的进步，但在人们得到丰富物质、生活方便的同时，随之而来的是生态环境恶化、产品质量得不到保证。农业生产过程中，一方面由于科技的投入，使农产品的产量和质量有了明显的提高，保证了人们生活的需要；另一方面由于大量施用化肥、农药，造成生态环境的恶化以及食品加工过程的不规范，使产品质量不能从根本上得以保证。

根据联合国粮农组织（FAO）和世界卫生组织（WHO）的要求，食品资源的开发要注意“天然、营养、保健”的原则。这两个组织的法规委员会（CAC）所颁布实施的食品质量全面监控条例（HACCP）、生产单位的环境良好操作规程（GMP）和生产单位的产品操作管理规程（ISO9000）系列的核心内容是所有食品的生产，从品种选育到栽培、加工、包装、储运、销售的产业链全过程要遵循无害化原则，在人为受控的条件下进行。我国加入 WTO 后，食用菌产品同许多农产品一样，融入国际大市场，经受国际市场的检验，只有符合国际化的市场质量标准，才能赢得市场占有率，才能符合人类本身的需求。

实现食用菌生产无害化，是产业可持续发展的重要内容，符合在经济发展中节约资源、保护环境和提高人民生活水平、生活质量的发展目标。食用菌的无公害生产，将为社会提供高质量的

健康食品，同时，节约资源，保护环境，提高产品在国际市场的竞争力，有利于出口贸易量的增加和价格的提高，增加菇农的效益。

2. 无公害食用菌生产的概念 无公害食用菌产品是指该产品中不含有公害污染物，包括农药残留物、重金属、有害微生物等，或者所含有公害污染物被控制在残留限量标准（MRL）以下。无公害食用菌产品是以上不同标准产品的总称，其基本要求是安全、卫生，对消费者的身心健康无危害。从要求的严格程度上讲，无公害较绿色、有机两类产品要求要宽松得多，达到无公害标准实际上只是取得了市场的准入证。从这个意义上说，无公害食品是最低的产品质量要求。

3. 优质食用菌产品的标准 评价食品的质量首要的一条是营养价值，食用菌多作为蔬菜食用，在这个意义上，评价食用菌的质量，除营养价值外，还包括口感、风味和外观等，同时必须符合食品卫生要求。优质食用菌应该具备如下特征：具食用菌固有的营养价值、口感和风味及特有的外观，符合食品卫生安全标准。

（五）食用菌无公害栽培的原理与控制点

食用菌是自然界一群特殊的生物类群，它不含叶绿素，营腐生、寄生、共生生活方式。子实体具有植物型结构并具有动物性营养，历来被视为“山珍”，其本身是没有公害的。但由于工业“三废”的排放，农业上化肥、农药的大量使用，造成对空气、水源、土壤等环境的污染，食用菌在这种受污染环境中生长，产品就会有害化；在产品加工过程中，加工设备、加工环境、加工添加物、包装物、贮藏环境、运输环境均可能对产品产生污染。

1. 生产环境的控制 直接影响茶薪菇质量的生产环境可分为大环境和小环境。大环境也可称为产地环境，是指生产场地所在地的整个大环境质量，如大气质量、水源、土壤状况等。小环境也可称为生产环境，是指生产过程中场所的环境卫生和质量状况，如地势、周围环境卫生、污染源、生长的生态小环境等。

较大田作物而言，茶薪菇生长发育主要在小环境——园艺设施内完成，受外界环境如温度、湿度、光照等的影响较小，所以，这种小环境对其生长发育就更为重要，也是其生长发育的决定因素。然而，食用菌属于进化程度低于高等植物的真菌，受外界环境的影响远大于高等植物，同时，其特有的生长发育特性又造就了其对生态小环境的特殊要求，包括生产场地周围地势、卫生状况、污染源的有无等综合环境质量的要求，这些因素都直接影响食用菌产品质量。

（1）地势　茶薪菇栽培场要求地势高燥、平坦，以利于通风、排水与控制杂菌，避免涝灾和减少病虫源。

（2）环境卫生　远离一切产生虫源、粉尘、化学污染物等的场所，以减少杀虫剂的使用，确保产品卫生，避免化学污染。产生虫源的场所主要有禽畜场、堆肥场、垃圾站等，产生粉尘污染的主要有矿业工厂（如石灰厂、煤矿等）、木材加工厂等，产生化学污染的有各类化工厂、印染厂、制革厂、皮毛加工厂等。

（3）生产场所　首先，设施的设计、建造和设备的安装使用是否科学合理，直接影响栽培技术的实施，影响着产品的产量和品质，从而影响生产效益。生产场所和设施建造应遵循以下原则：

创造利于茶薪菇生长发育的环境条件：主要是温度、空气相对湿度、光照和通风等。

创造利于控制病虫害的环境条件：如菇房大小要适当，便于病杂菌或虫害发生时的处理；菇棚与外界交换处如门、窗、通风孔等要安装窗纱等。

创造便于操作和提高效率的环境条件：适宜的菇房和设施，出入方便，运输顺畅，操作自如，工作效率高，如通道平坦无

障、宽窄适度，床架高度和层距适中。

2. 基质的控制　茶薪菇自身的养分完全来自基质，基质的理化性状直接影响产品质量，与食物安全关系较密切的不在于培养基质的种类，而在于基质的内在安全质量，如生长环境造成的农药残留量、重金属含量等。栽培基质使用合理，可有效地降低茶薪菇产品中的重金属含量；相反，也能使产品中重金属含量超标。某些成分过量使用，使茶薪菇产品重金属含量增高。如常用的过磷酸钙有镉的污染，过量使用，易被茶薪菇大量富集。此外，不同的配方还关系到杂菌的发生程度，进而影响到农药的使用及茶薪菇子实体内农药的残留量。如果培养基质本身变质，腐败过程中产生的毒素，可通过菌丝的吸收而导致茶薪菇产品受污染。

3. 栽培管理的控制　栽培管理直接影响着茶薪菇的生长发育及病虫杂菌的发生，从而影响茶薪菇的品质和食用安全性。栽培管理技术的内容繁多，涉及栽培场所的选择与处理、品种的选用与栽培性状的了解、科学合理的培养料配方和含水量、pH调节、接种与发菌、覆土材料的选择处理和覆土方法、菇房环境条件的控制及其病虫、杂菌的预防等诸多环节，这里仅原则性地介绍栽培技术与茶薪菇产品质量控制的关系。

广义的栽培技术是指备料、拌料、装袋（瓶）、灭菌、冷却、接种、发菌、出菇直至采收的整个过程的技术处理和方法。

（1）*原料*　原料选择不当，将导致产品风味下降，直接影响栽培效果。原料不够干燥时极易霉变，造成基内杂菌基数增多，灭菌困难，增加能耗，且不利于食用菌生长。霉变严重的原料不能使用。

培养基制备：培养基制备包括拌料、分装和灭菌。如果拌料干湿不均，可造成灭菌不彻底，菌丝生长不均匀甚至难以生长；分装时装料过松影响产量和品质，过紧透气性差，发菌困难；灭菌时间过短将出现大量污染，过长增加了不必要的能耗，甚至搬运不当也会使污染率大增。这些终会导致农药的使用量增加，增大了产品农药残留的可能性。在实际生产中常通过培养基的科学制备达到高产、优质、高效。

(2) 接种　选用优良品种、选用优质时令菌种、适当加大接种量、规范的接种操作等都可有效地减少污染发生，减少农药的使用。

(3) 发菌条件的控制　发菌期间给予适宜的环境条件，不仅利于菌丝的生长、菌体内养分的积累，而且还可有效地预防污染，提高发菌成品率。如果发菌期环境相对湿度过大、温度过高、通风不良，污染率会大大增加，使用农药的污染几率也相应增加，影响到产品的安全。发菌期温度过低，虽利于控制污染，但影响子实体的发生、生长及质量，温度不足，常出现畸形菇。

(4) 出菇期环境条件的控制　菇房的温度、湿度、通风、光照等都直接影响栽培效果，诸因子综合作用于茶薪菇的产量和品质。一般地，棚温高于适宜温度，子实体生长加快，但品质下降，表现为菌盖变薄、菌柄变长、组织疏松、易破碎；湿度高于适宜湿度时，特别是在高度恒湿的情况下，菇质疏松，甚至畸形，病杂菌和害虫的发生严重；光照也直接影响子实体的发生、菌盖的大小、柄的长短和色泽深浅，适当的光照强度使菌盖增大、菌肉变厚、组织致密、菌柄变短、色泽加深、菇体健壮、口感和风味都得到提高。

从出菇期管理的规律上看，要获得优质子实体，主要控制好以下四点：①略低于子实体生长的适宜温度；②干干湿湿的变湿环境，避免高度恒湿；③通风良好；④适宜的光照。这样，不但利于子实体生长，还可有效控制病杂菌和虫害的发生，减少或避免农药的使用，保证食品安全，生产出绿色食品。

(5) 农药施用控制　食用菌生产中，各种竞争性或危害性杂菌、虫害会频繁发生。栽培者必然会采用类似防止其他作物病虫害的办法，施用农药进行灭菌除虫。在施用农药的过程中，特别

是施用毒性较大的灭虫农药，容易造成农药残留。

4. 加工贮藏和运输的控制　食用菌采收后上市之前仅是产品，获得了优质产品只是获得高效的前提，不等于一定可以获得高效。目前茶薪菇的产品形式除鲜品外，还有干品、盐渍品和罐头等处理加工产品。鲜品若贮藏和运输不当，商品质量会大大下降。干品若干制设施设计不合理、干制工艺不当，产品会丧失应有的色泽、外观和风味。如在产品烘烤加工过程中，使用煤、油、柴为燃料，燃烧后的有害气体可能为产品所吸附而造成某些有害成分的超标。盐渍工艺不妥时，产品变褐、变黄或变灰。制罐工艺不合理，罐头的口感会变绵软，罐汤混浊。诸如此类，使好的产品不能变成好商品。因此，生产优质食用菌需要环环相扣、不可懈怠。

5. 建立健全产品质量安全保障体系　茶薪菇产品质量安全标准体系，重点是加快茶薪菇生产产地环境、生产技术规程和产品质量安全标准的制定并完善配套。但目前茶薪菇的无公害标准还不完善。

6. 大力推行茶薪菇标准化生产　茶薪菇标准化是指利用“统一、简化、协调、优化”的标准化原则，对茶薪菇生产的产前、产中、产后全过程，通过制定和实施标准，取得良好的经济、社会和生态效益。

二、茶薪菇的生物学基础

（一）形态构造

茶薪菇同其他所有食用菌一样，都是由菌丝体和子实体两大部分组成。茶薪菇的菌丝体是茶薪菇的营养器官，主要功能是分解基质，吸收营养。子实体，又称作“菇”，是茶薪菇的繁殖器官，主要功能是产生孢子，繁殖后代，也是人们所食用的部分。

1. 菌丝体　菌丝体是茶薪菇的主体。它在基质中吸收营养，不断进行分裂繁殖和营养贮藏，为子实体形成奠定基础。在自然界，茶薪菇菌丝体呈丝状，常生长在枯死的油茶树木枝干、树蔸、枯枝落叶或土壤等基质内。菌丝为白色、茸毛状、极细，在基质中向各个方向分枝和延伸，以便利用基质营养，繁衍自己，组成菌丝群。由孢子萌发产生的菌丝叫初生菌丝。初生菌丝开始时是多核的，到后来产生隔膜，把菌丝隔成单核的菌丝。单核菌丝纤细，分枝角度小，生长缓慢，生活力较差。初生菌丝生长到一定阶段，当两个不同性别的可亲和的单核菌丝，通过菌丝细胞的接触，彼此沟通，原生质融合在一起，形成锁状联合。锁状联合与细胞分裂同步发生。分裂后每个细胞中含有两个细胞核，故又称双核菌丝或次生菌丝。这种双核化了的菌丝，分枝角度大，粗壮，繁茂，生活力旺盛。当它生长到一定的数量，达到生理成熟时，加上适宜的环境条件，菌丝体便缠结在一起，形成茶薪菇

子实体。

2. 子实体 茶薪菇子实体为伞状，单生、双生或丛生，大多数丛生。茶薪菇的子实体由菌盖、菌柄、菌褶和菌环四部分组成。在菌盖与菌柄间连生着一层保护菌褶及孢子的菌膜。随着茶薪菇的开伞生长，菌膜成为留在菇柄上的菌环。

（1）菌盖 又叫菇盖或菇伞，为茶薪菇的帽状部分。初时为半球形，直径1～1.5厘米，边缘内卷。随着成熟长大，逐渐开伞，直到展平。菌盖直径为3～10厘米。菌盖从上至下由表皮、菌肉、菌褶三部分组成。菌盖表面平滑或有皱纹，初为暗红褐色，后变为褐色或浅土黄褐色，并带丝绸光泽。菌盖边缘淡褐色，有浅皱纹。成熟后，菌盖反卷。菌肉白色，未开伞时肉厚，开伞后肉变薄。菌盖是人们食用的主要部分。

（2）菌褶 又叫菇叶或菇鳃，着生在菌盖下面，由菌柄处向四周伸展，初为白色，成熟后呈现黄锈色至咖啡色（着生孢子），密集，几乎直生。菌盖完全开展后，菌褶与菌盖分离成箭头状。菌褶表面着生子实层，生有许多棒状体的担子和隔胞。每个担子顶端有4个担子小梗，每个梗上着生1枚孢子，共4枚不同交配型的孢子。菌褶是担孢子的产生场所和保护器官。

（3）菌柄 又叫菇柄和菇脚，近圆柱体，直立或弯曲而生。菌柄长3～10厘米，直径为3～16毫米。中实，纤维质，脆嫩。表面纤维状，近白色，基部常为褐色。成熟期菌柄变硬。菌柄着生在菌盖下面中央处，既支撑菌盖的生长，又起着输送营养和水分的作用。

（4）菌环 是内菌幕残留在菌柄上的环状结构，为菌盖与菌柄间连生着的一层菌膜质，淡白色。其上表面有细条纹，开伞后留在菌柄上部，或黏附于菌盖边缘，或自动脱落，内表面常落满孢子而呈锈褐色。

（5）孢子 茶薪菇孢子淡黄褐色，光滑，椭圆形或卵圆形，8.5～11微米×5.5～7微米。属于异宗结合的四极性担子菌，从孢子萌发菌丝到形成子实体，完成一个生活史，需要80～100天。

（二）生长条件与影响因子

茶薪菇的生长条件和影响因子与其他食用菌品种有相同之处，但也有差异。主要包括营养、温度、水、空气、光线、酸碱度等。

1. 营养 茶薪菇属于喜氮菇类，利用木质素的能力弱，在人工栽培中，要考虑这个生理特点。其主要营养是碳源、氮源和无机盐及维生素。

（1）*碳源* 碳源是茶薪菇的主要营养来源，为合成碳水化合物和氨基酸的原料。作为菌丝和代谢产物中的碳素，其作用是构成细胞和供给生长发育所需的能量。茶薪菇所需要的碳素都来自有机态碳，如糖类、有机酸、醇类、淀粉、纤维素、半纤维素、木质素等。在常见的碳源中，糖类小分子化合物，可直接被菌丝所吸收利用。而纤维素、半纤维素、木质素、淀粉等大分子化合物，则不能直接被菌丝所吸收利用。它必须由菌丝分泌出的酶等物质，将其分解成小分子化合物，然后才能被吸收利用。纤维素是茶薪菇菌丝初生及次生细胞壁的组成部分，纤维素的降解是通过纤维素酶来完成的。此外，棉籽壳、玉米芯、甘蔗渣等，均富含纤维素和木质素，都是很好的碳源。

（2）*氮源* 氮源是茶薪菇合成蛋白质和核酸必不可少的主要原料。氮源分为有机氮化合物和无机氮化合物两类。茶薪菇生长发育主要利用有机氮，如尿素、氨基酸、蛋白胨和蛋白质等。培养基中氮源的浓度，对茶薪菇的营养生长和生殖生长有很大影响。在菌丝营养生长阶段，培养基中含氮量以0.016%～0.064%为宜。而含氮量低于0.016%时，则菌丝生长受阻。在子实体发育阶段，培养基的含氮量过高时，会引起菌丝徒长，出菇偏慢。茶薪菇培养料中碳氮比（C/N）要适当。菌丝营养生长阶段碳氮比以20∶1为宜，而生殖生长即子实体生长阶段，培养料的碳氮比以30～40∶1为宜。在菌丝生长阶段，若氮的比例稍高，有利于菌丝粗壮；氮的比例低些，有利于菇体形成。如果后期氮的含量过高，将有碍子实体的发生和生长。

（3）无机盐　无机盐如磷、钾、镁、钙等矿质元素，对菌丝生长有利，对子实体生长发育也有益。茶薪菇生产时，在培养料和普通用水中的无机盐含量就足够了。维生素用量甚微，但不可缺少，在培养料配用的麦麸、米糠中，维生素含量足够。因此，无机盐和维生素不必另外添加。

2. 温度　茶薪菇是在温带至亚热带地区从春季至秋季发生的广温型木腐生食用菌。菌丝生长的温度范围在4～34℃。温度过高菌丝容易老化变黄，当温度在33℃以上时，菌丝生长受到严重抑制，超过38℃时就会死亡。当温度处于14℃以下时，菌丝生长速度明显减慢；低于4℃时，菌丝停止生长，处于休眠状态。但茶薪菇菌丝能耐低温，在－14℃下5天、－40℃下4天，也不会死亡。温度一旦回升，菌丝就恢复生长。

3. 水　水是茶薪菇新陈代谢、吸收营养必不可少的基本物质。茶薪菇对各种营养物质的吸收和输送，是在水的运载下进行的；其代谢废物，也是溶于水后，才能被排出体外。缺少水分的菌丝便处于休眠状态，停止发育，根本不能产生子实体。此外，水对料温的变化也起缓冲作用，在菌丝生长和培养基制作中，要求含水量为60％～65％，低于50％将不出菇，高于70％菌丝生长减慢、纤弱。

4. 空气　茶薪菇属于好氧真菌，呼吸作用是正常生命活动不可缺少的生理过程。在新陈代谢过程中，以有机物质作为呼吸底物，在有氧条件下进行彻底氧化，并释放能量。菌丝短期缺氧时，就借助于酶解作用，暂时维持生命活动，但要消耗大量营养物质，菌丝逐渐衰弱，缩短寿命；严重缺氧时，菌丝生长受阻，比较纤弱，且容易受杂菌污染。

茶薪菇在吸收氧气、排出二氧化碳时，放出的二氧化碳常积累在培养料的表面，影响菌丝的正常呼吸。为此，保持菇房内空气新鲜，以保证正常的含氧量，促使子实体生长发育。在新鲜空气中，氧气的含量为21%，二氧化碳的含量为0.03%。当二氧化碳浓度上升到0.1%时，茶薪菇菌丝和子实体的生长均受到明显的抑制。菌丝从营养生长转入生殖生长阶段，对氧气的需求量略低，一旦子实体形成，对氧气的需求急剧增加。因此，在这个转折点中，菇房内应经常通风换气，保持空气新鲜，防止二氧化碳积累过多。

5. 光线 茶薪菇不能进行光合作用，菌丝生长不需光照，在黑暗环境中能正常生长。阳光中的紫外线有杀菌功能，对菌丝生长会起到抑制作用，因此菌袋培养阶段应注意遮阴避光。原基分化和子实体形成时，则需要一定的散射光照，完全黑暗的条件下，不能形成子实体。适当的散射光为500～1 000勒克斯，对子实体形成和发育有促进作用；光线不足时，出菇变慢，菇体变淡，菇脚变长，并有明显的趋光性。

6. 碱酸度（pH） 菌丝能够生长的pH为4～7，最适pH为5.8～6.2；子实体生长pH为3.5～7.5，最适pH为5～6。在生产时则要将培养基pH调至6～7，经过灭菌后会降低至5～6。菌丝在生长过程中，代谢出有机酸类物质，也会降低培养基的pH。

三、茶薪菇无公害栽培设施要求

（一）配套机械设备

1. 原料切碎机 原料切碎机应选用菇木切碎机，这是一种木材切片与粉碎一体合面的新型切碎机械。常见的有辽宁朝阳MRQ-553菇木切碎两用机、福建ZM-420型菇木切碎机、浙江6JQF-400A型秸秆切碎机等。该机生产能力高达1 000千克/（台·时），配用15～28千瓦电动机或11千瓦以上的柴油机。生产效率比原有机械提高40%，耗电节省1/4，适用于枝丫、农作物秸秆和野草等原料的切碎加工。

2. 新型培养料搅拌机 该机由福建省古田县文彬食用菌机械修造厂研制生产，获得国家发明专利（专利号：ZL200320106494.9）。该机具有四大特点：①结构合理：配用2.2千瓦电机、漏电保护器。②生产功率高：堆料、拌料量不受限制，只要机械进堆料场开关一开，自动前进开堆拌料并覆堆。与漏斗式、滚筒式搅拌机对比，省去装料、卸料工序。因此生产功率高达5 000千克/（台·时），比原来提高5倍，而且拌料均匀，有利于菌丝分解。③废料打散：种过菇耳的废筒，通过该机可以自动打散搅拌均匀，再利用种菇。④灵活轻便：机身自重120千克，体积100厘米×90厘米×90厘米（长×宽×高），是我国近代食用菌培养料搅拌机械面积小、产量高、操作方便、实用性强的理想设备。

3. 培养料装袋机 主要用于培养料装袋，常用的有福建省古田产ZW多功能装袋机、辽宁省朝阳产ZDⅢ（Ⅱ）型、河南省兰考产ZD-A型多功能装袋机。配用0.75千瓦电动机，普通照明电压，生产能力2 000～2 500袋/（台·时），配用多套口径不同的出料筒，可装不同折幅的栽培袋。

具有一定规模的生产基地，可选用ZYD-17、ZYD-15、ZYD-20现代化自动装袋生产线的机械设备。生产能力1 500袋/小时，配电源380伏，功率3千瓦，可装不同规格的折角袋。自动化程度比较高，且装料均匀，质量理想，适于企业大规模生产。

4. 产品烘干机 SHG电脑控制燃油脱水烘干机：该机每次可加工鲜菇500千克；XA-500型脱水机：其结构简单，热交换器安装在中间，两旁设防火板。上方设进风口，中间配600毫米排风扇；两边设热气口。机内设三重保温，中间双重隔层，使菇品烘干不焦。箱顶设排气窗，使气流在箱内流畅，强制通风脱水干燥，是近年来广为使用的理想脱水机。鲜菇进房一般10～12小时干燥，每次每台可加工鲜菇250～300千克。热气循环式干燥机：此种机型是在隧道式干燥机原理的基础上，结合柜式干燥机特点研制而成。供热系统由常压热水锅、散热管、贮箱、管道及放气阀门、排湿阀门等组成。燃料用煤、柴均可。采取热流循环，利用水的温差使锅炉与散热器之间形成自然对流循环，使供热系统处于常压下运行，较为安全。烘房内设90厘米×95厘米烘筛80个，1次可摊放鲜菇700千克。烘出干燥品色泽均匀，形态完整，产品档次高。专业性加工厂场必备。该机组结构见图1。

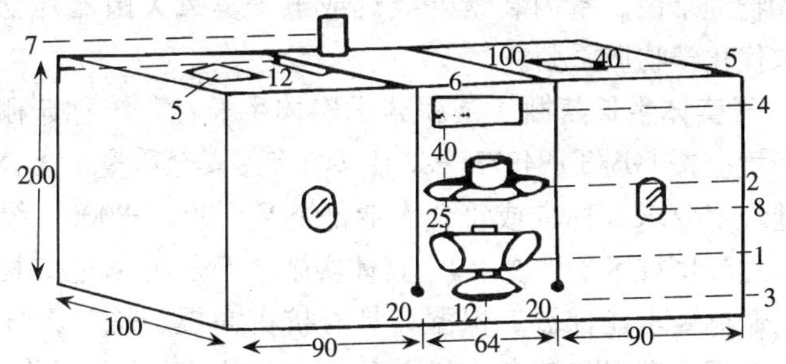

图1　XA-500型脱水机（单位：厘米）

1. 热交换器　2. 排风扇　3. 热气口　4. 进风口　5. 热风口　6. 回风口　7. 烟囱　8. 观察孔

（二）栽培房棚安全生产条件要求

1. 菌袋培养室　专业性工厂化生产的企业，应专门建造菌袋培养室，民间可利用民房养菌。标准培养室必须达到"五要求"：

①远离污染区。培养室要远离食品酿造工业，远离畜、禽舍、垃圾（粪便）场、水泥厂、石灰厂等扬尘厂（场），还得远离公路主干线、医院和居民区，防止生活垃圾、有害气体、废水和人群过多，造成茶薪菇污染。

②结构合理。培养室应坐北朝南，地势稍高，环境清洁，室内宽敞，一般以32～36米^{2}面积为宜。培养室内搭培养架床6～7层。室内墙壁刷白灰，门窗对向，能开能闭，并安装尼龙窗纱防虫网，设置排气口、排气扇。

③生态适宜。室内卫生、干燥、防潮、空气相对湿度低于70%，遮阴避光，温度保持在23～28℃，空气新鲜。

④无害消毒。选用无公害的次氯酸钙药剂消毒，使之接触空气后，迅速分解成对环境、人体和菌丝生长无害的物质，又能消灭病原微生物。

⑤物理杀菌。室内装紫外线灯或电子臭氧灭菌器等物理消毒，取代化学物质杀菌。

2. 子实体生长菇棚 茶薪菇子实体生长棚，统称菇棚。其生态环境应按GB/T184071—2001《农产品安全质量 无公害蔬菜产地环境要求》标准或符合农业部NY/T391—2000《绿色食品 产地环境技术条件要求》。具体实施“五必须”：①结构必须合理：菇棚要求能保温、保湿，具有抗御高温、恶劣天气的能力，有合理的空间和较高的利用率；结构固定安全、操作方便、经济实用。野外菇棚宽3.2～7.1米，高2.6～3米，长度视场地大小而定，以10～15米为宜。采用竹木做骨架；棚顶的经纬木竹条绑紧扎实，四周内用塑料薄膜，中间用塑料泡沫板，外盖黑色薄膜。棚顶开通天窗，顶上铺上茅草、树枝或草苫遮阴，形成“三阳七阴”的环境。菇棚北面、西面的围物要厚些，以防御北风和西北风。菇棚大小视场地而定。菇棚长向两端开2个对向门窗，有利于空气对流；②场地必须优化：选择背风向阳，地势高燥，排灌方便，水、电源充足，交通便利，周围无垃圾等杂乱废物。菇棚周围可种植枝叶茂盛的高大植物，以阻拦尘埃。固定性的棚旁可栽藤豆、猕猴桃、金银花、佛手瓜等藤蔓茂盛的作物，既能覆盖遮阴，又能增加收入；③土壤必须改良：作为覆土栽培茶薪菇的菇棚，土壤必须进行深翻晒垡后再进行浇水、排干、做畦。采用石灰粉或喷茶籽饼、烟茎等生物剂，取代化学农药消毒杀虫；④水源必须洁净：水源要求无污染，水质清洁，最好采用泉水、井水和溪河流畅的清水，不得使用池塘水、积沟水；⑤茬口必须轮作：不是固定性的菇棚，应采取一年种农作物，一年栽茶薪菇，稻菇合理轮作，隔断中间传播寄主，减少病虫源积累，避免重茬加重病虫害。

3. 培养架床设置 菇棚内分设多层培养架，排列应与菇棚方位垂直，呈两列、三列或多列。架床一般宽60～100厘米。架床的层数视菇房高度而定，一般设5～6层，层距为30厘米左右。最底层需距地 20 厘米，最上层离屋顶 1 米以上。架床之间留 80～100 厘米宽的作业道。架床的设置要求坚实牢固，一般每平方米立摆菌袋 100 个，承担 90 千克培养料的重量。通常以竹、木为固定材料，有条件的使用钢筋水泥作固定架床则更好。层架菇床见图 2。

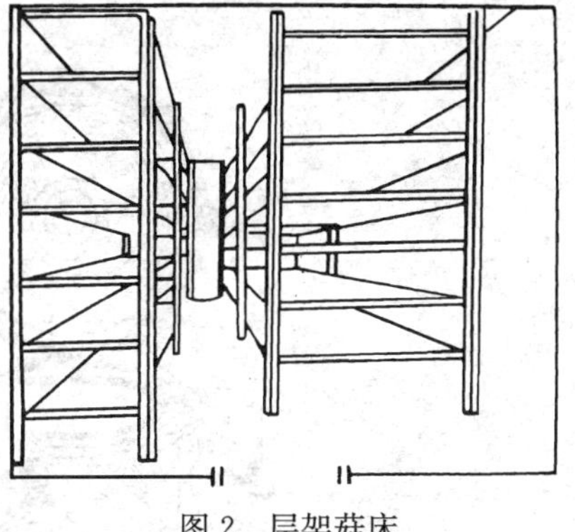

图 2 层架菇床

（三）灭菌设施及设备

茶薪菇生产的灭菌设备，包括菌种制作所需的高压灭菌器和栽培袋灭菌所需的常压灭菌灶两类。它是茶薪菇袋栽不可缺少的一种设备。

1. 高压灭菌锅 原种和栽培种生产数量多，必须选用立式或卧式高压灭菌锅（图 3）。其规格分为 1 次可容纳 750 毫升的菌种瓶 100、200、260、330 个不等。除安装有压力表、放气阀外，还有进水管、排水管等装置。卧式高压灭菌锅操作方便，热源用煤、柴均可。高压灭菌锅的灭菌原理是：水经加热产生蒸汽，在密闭状态下，饱和蒸汽的温度随压力的加大而升高，从而提高蒸汽对细菌及孢子的穿透力，在短期内可达到彻底灭菌的目的。因此，它是菌种厂必备的生产设备。

2. 蒸汽炉节能灭菌灶 它是由蒸汽炉和框架罩膜组成的常压灭菌灶。常见的蒸汽炉有浙江省庆元菇星节能机械公司生产的 GLSG 常压灭菌蒸汽炉；还有河南省西峡县生产的 CMQ - 5 型常压蒸汽炉、辽宁省朝阳市生产的 WQS 常压热水锅炉。栽培者也可以利用油桶加工制成蒸汽发生器。这些灭菌设备具有出汽量

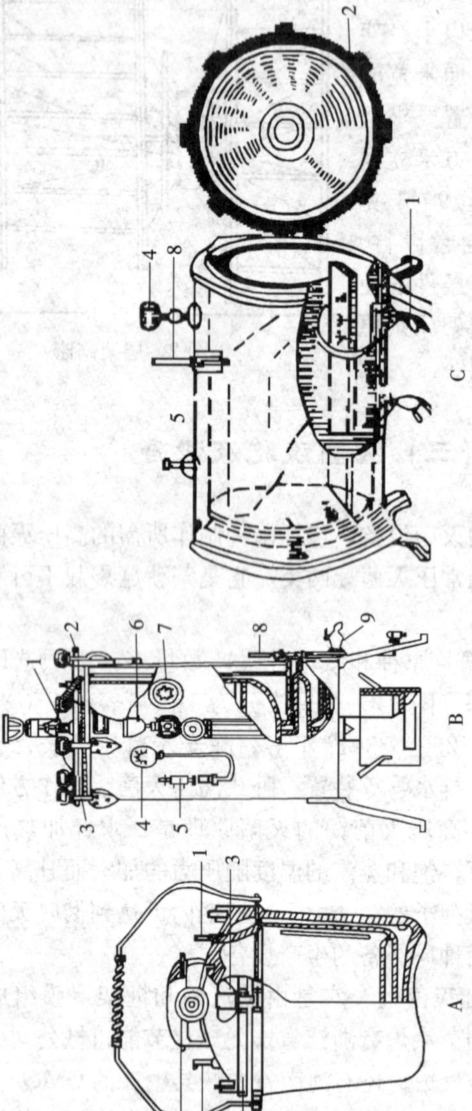

图3　高压灭菌锅

A. 手提式　B. 立式　C. 卧式

1. 放气阀　2. 锅盖　3. 紧固螺栓　4. 压力表　5. 安全阀　6. 加水漏斗　7. 内锅消毒干燥阀　8. 温度表　9. 排水口

大、功能利用率达 83%以上，比传统灭菌灶可节省燃料 60%多；操作方便，每次灭菌的料袋数量可多可少，多的3 000～4 000袋，少的1 000袋均可，一般栽培户均适合。灶体结构见图 4。

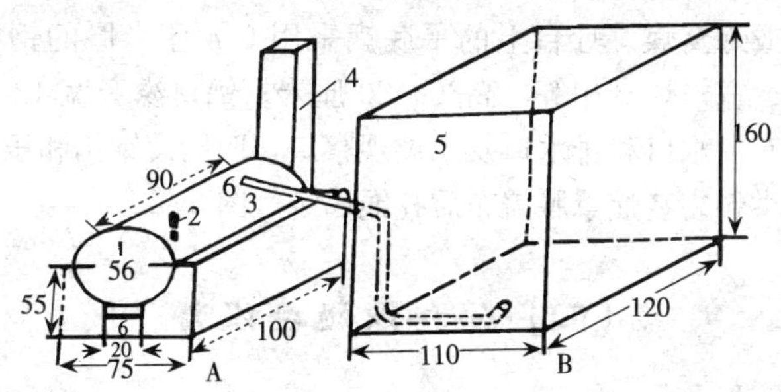

图 4　蒸汽炉节能灭菌灶（单位：厘米）
A. 蒸汽炉　B. 灭菌箱
1. 油桶　2. 加水孔　3. 蒸汽管　4. 烟囱　5. 灭菌箱　6. 火门

3. 钢板锅大型灭菌灶　此灶是近年来在大规模茶薪菇生产中，设计的一种灭菌设备。该灶由砖砌成长方形灶台，装配等同的钢板制成的平底锅。锅上安放 8 条木桩，离锅底 20 厘米。料袋重叠装在垫条上，然后罩薄膜和篷布，1 次可灭菌 1 万～3 万袋。其灶体规格不同，分别长 280～350 厘米，宽 270～350 厘米，高 60～80 厘米。灶体砌成半地下式，其中地面以下 40～50 厘米，地面以上

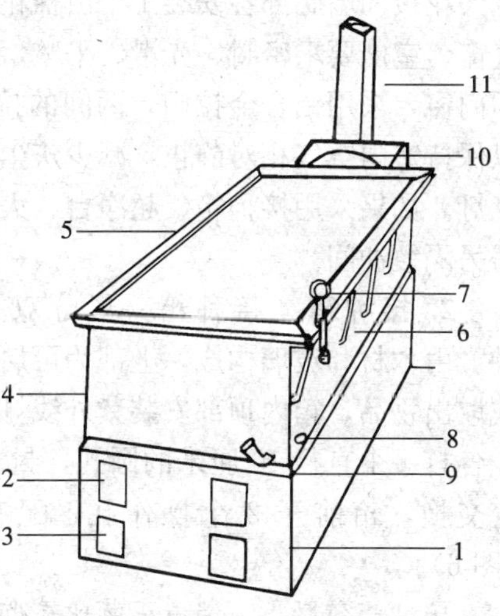

图 5　钢板大型灭菌灶
1. 砖砌灶台　2. 燃烧口　3. 退灰口　4. 钢板锅　5. 锅缘旁　6. 钢钩　7. 扣链　8. 侧湿口　9. 排水口　10. 加水口　11. 烟囱

20～35厘米，方便装卸料袋。灶台正面上半部为炉膛，长与灶体同，设2个燃烧口，宽40～43厘米，高55～60厘米，下半部为通风道及清灰坑。灶台对面砌烟囱，高视灶体大小而定。燃料为木柴或蜂窝煤。灶台上的平底锅采用0.4厘米厚的钢板焊制成，长、宽与灶台相等，高60～70厘米。锅口缘旁宽12～15厘米，设有加水口和排水口及水位观察口，四周设钢钩和压力固定座罩，供料袋装灶罩膜盖布后扎绳固定（图5）。

（四）接种设施与设备

1. 接种室 又叫无菌室，由外面的缓冲间和里面的接种间组成。缓冲间面积为2～3米^2，内设水池、接种器具、药品及毛巾等。接种间面积为5～6米^2，高2.5米，内设接种台和坐凳，在天花板和墙底部各安装1个由棉花、纱布和铁丝纱窗组成的换气窗。室内要求密封、光滑、平整，便于拖洗。接种间和缓冲间的门窗，采用铝合金拉门，两间的拉门不设在相对的平行线上，以保持室内空气相对静止，减少灰尘量。两间均安装紫外线和日光灯。如果采用接种箱、超净台、火焰或蒸汽接种，接种室就不需另隔缓冲间。

2. 接种箱 接种箱一般分双人操作的和单人操作的两种。由木材和玻璃构成，上部为可启闭的框架，用于观察和放入或取出物品，箱内顶部安装紫外线灯和日光灯各1支，顶外部两端各打一个直径10厘米的圆孔，封上口罩式棉纱布，以利于空气交换，箱前开2个操作孔，配有袖套及安装可移动小门（图6）。

接种箱容量小，消毒灭菌比较彻底，能减少杂菌侵入，制袋成品率显著提高。重量轻，移动方便，就地接种，可避免料袋搬运之劳。

茶薪菇菌丝生长慢，不能很快封住接种口，占领料面，抵抗杂菌侵入，因此茶薪菇接种提倡在接种箱内进行。

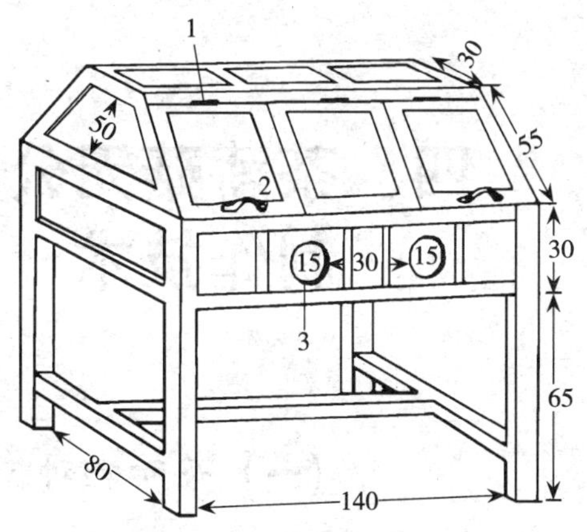

图 6 接种箱（单位：厘米）

1. 活叶 2. 把手 3. 操作孔

3. 超净工作台 又称净化工作台，是目前国内外先进的空气净化设备。市场上常见的类型，按其气流方向一般分垂直层流和平行层流两种；按操作方式分，有单人操作、双人对置操作和双人平行操作三种。超净工作台由箱体、操作区、配电系统等组成（图 7）。

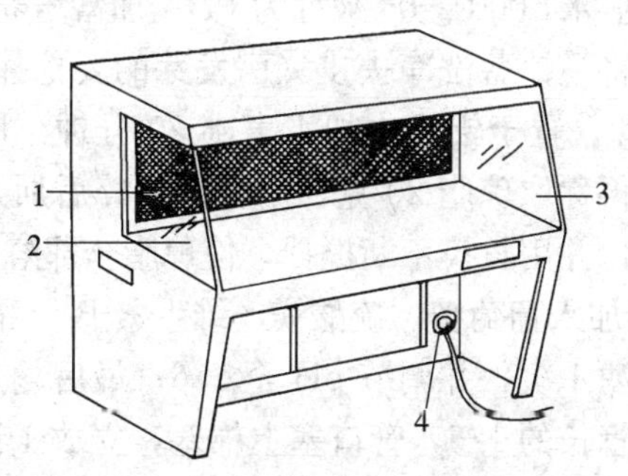

图 7 超净工作台

1. 高效过滤器 2. 工作台面 3. 侧玻璃 4. 电源

四、茶薪菇无公害菌种制作技术

（一）母种制种技术

1. 母种培养基配制 茶薪菇母种培养基以琼脂培养基为主，下面介绍三组琼脂培养基制作方法。

配方1：马铃薯200克，葡萄糖20克，硫酸镁0.5克，维生素 B_1 10毫克，琼脂20克，水1 000毫升。被称为 PDA 加富培养基。

配制时先将马铃薯洗净去皮（已发芽的要挖掉芽眼），称取200 克切成薄片，置于铝锅中加水煮沸 20 分钟，捞起用 4 层纱布过滤取汁；再称取琼脂 20 克，用剪刀剪碎后加入马铃薯汁液内，继续加热，并用竹筷不断搅拌，使琼脂全部溶化；然后加水1 000毫升，再加入葡萄糖、硫酸镁、维生素 B_1，稍煮几分钟后，用 4 层纱布过滤 1 次，并调节 pH 至 5.6；最后趁热分装入试管内，装量为试管长的 1/5，管口塞上棉塞，立放于试管笼上。分装时，应注意不要使培养基沾在试管口和管壁上，以免发生杂菌感染。

配方 2：马铃薯 200 克，蔗糖 20 克，磷酸二氢钾 3 克，琼脂 20 克，水1 000毫升。称为 PSA 培养基。

制作方法与培养基配方 1 相似，只是在加入葡萄糖时，同时加入磷酸二氢钾，煮 20 分钟后过滤取汁，趁热装入试管中，塞好棉塞，直立放于试管笼上。

配方3：玉米粉60克，葡萄糖10克，琼脂20克，水1 000毫升。称为CMA培养基。

配制时先把玉米粉调成糊状，再加入1 000毫升水，搅拌均匀后，文火煮沸20分钟，用纱布过滤取汁。再加入琼脂、葡萄糖等，全部溶化后，调节pH至5.6，然后分装入试管内，塞好管口棉塞。琼脂斜面培养基配制工艺流程如图8。

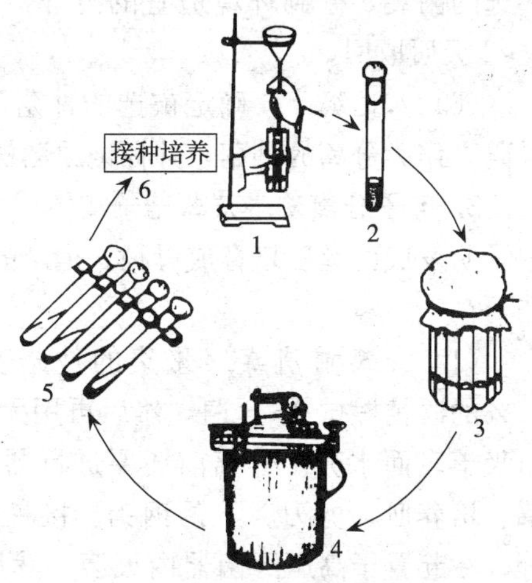

图8　琼脂斜面培养基制作流程
1. 分装试管　2. 塞棉塞　3. 打捆
4. 灭菌　5. 排成斜面　6. 接种培养

2. 标准种菇选择　作为茶薪菇母种分离的种菇，可从野生和人工栽培的菇体中采集。各地科研部门，对茶薪菇菌种驯化已取得成效，许多菌株已通过人工大面积栽培，成为定型的速生高产菌株。现有茶薪菇大部分是从人工栽培中选择种菇。下面介绍标准的种菇应具备的条件及工序：

（1）*种性稳定*　经大面积栽培证明，普遍获得高产、优质，且尚未发现种性变异或偶变现象的菌株。

（2）*生活力强*　菌丝生长旺盛，出菇快，长势好；菇柄大小长短适中，七八分成熟，未开伞；基质子实体无病害发生。

（3）*确定季节*　标准种菇以春、秋季产菇体为好。

（4）*成熟程度*　通常以子实体伸展正常，略有弹性时采集。此时若在种菇的底部铺上一张塑料薄膜，1天后用手抚摸，有滑腻的感觉，就是已有弹射的担孢子。

（5）*必要考验*　采集室内栽培的子实体，还必须在群体中将被选的菌袋，搬到环境适宜的野外，让其适应自然环境，考验1～2 天后取回。

（6）入选编号　确定被选的种菇，适时采集 1～2 朵，编上号码，作为分离的种菇，并标记原菌株代号。

3. 孢子分离法　茶薪菇子实体成熟时，会弹射出大量孢子。孢子萌发成菌丝后培育成母种。孢子的采集和培育具体操作规程如下：

（1）分离前消毒　采集的种菇表面可能带有杂菌，可用 75%的酒精擦拭 2～3 遍，然后再用无菌水冲洗数次，用无菌纱布吸干表面水分。分离前还要进行器皿的消毒。把烧杯、玻璃罩、培养皿、剪刀、不锈钢钩、接种针、镊子、无菌水、纱布等，一起置于高压灭菌器内灭菌。然后连同酒精灯和 75%酒精或 0.1%升汞溶液，以及装有经过灭菌的琼脂培养基的三角瓶、试管、种菇等，放入接种箱或接种室内进行 1 次消毒。

（2）孢子采集　具体可分整朵插种菇、三角瓶钩悬和试管琼脂培养基贴附种菇等方法。操作时要求在无菌条件下进行。①整菇插种法：在接种箱中，将经消毒处理的整朵种菇插入无菌孢子收集器里，再将孢子收集器置于适温下，让其自然弹射孢子；②三角瓶钩悬法：将消毒过的种菇，用剪刀剪取拇指大小的菇盖，挂在钢钩上，迅速移入装有培养基的三角瓶内。菇盖距离培养基 2～3 厘米，不可接触到瓶壁，随手把棉塞塞入瓶口。为了便于筛选，1 次可以多挂几个瓶子；③试管贴附法：取一支试管，将消毒过的种菇剪取 3 厘米，往管内推进约 3 厘米，贴附在管内斜面培养基表面，管口塞好棉塞，保持棉塞与种菇间距 1 厘米。也可以将种菇片贴附在经灭菌冷却的木屑培养基上，让菇块孢子自然散落在基料上。孢子采集见图 9。

4. 组织分离法　组织分离法属无性繁殖法。它是利用茶薪菇子实体的组织块，在适宜的培养基和生长条件下分离、培育纯菌丝的一种简便方法。具有较强的再生能力和保持亲本种性的能

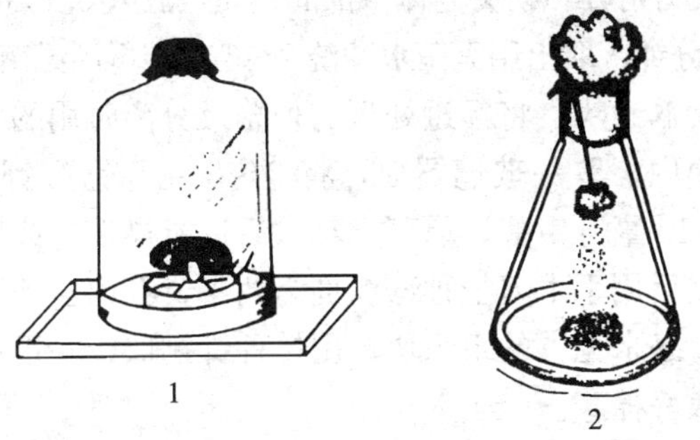

图 9　孢子收集

1. 整朵插菇法　2. 钩悬法

力。这种分离法操作容易，不易发生变异。但如果菇体染病，用此法得到的菌丝容易退化；若种菇太大、太老，此法得到的菌丝成活率也很低。组织分离法见图 10。组织分离操作技术规程为：

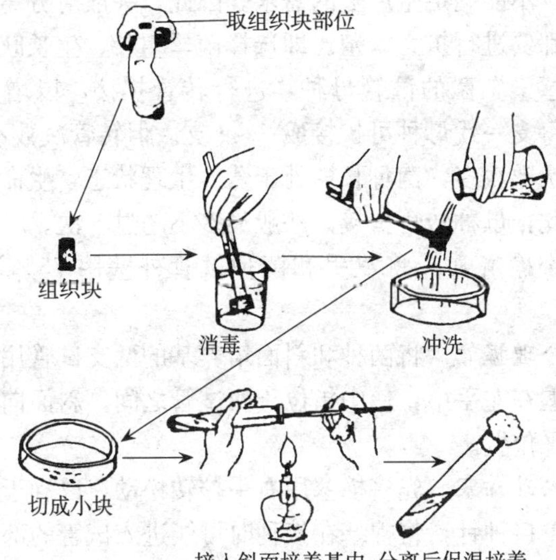

图 10　组织分离操作程序

（1）灭菌消毒　切去菇体基部的杂质，放入0.1%升汞溶液中浸泡1～2分钟，取出用无菌水冲洗2～3次，再用无菌纱布擦干。

（2）切取种块　将经过处理的种菇及分离时用的器具，同时放入接种箱内，取一玻璃器皿，将3～5克高锰酸钾放入其中，再倒入8～10毫升甲醛，熏蒸半小时后进行操作。或用气雾消毒剂灭菌，然后用手术刀把种菇纵剖为两半，在菌盖和菌柄连接处用刀切成3毫米见方的组织块，用接种针挑取，并迅速放入试管中，立即塞好棉塞。

（3）接种培养　将接入组织块的试管，立即放入恒温箱中，在25～27℃条件下培养3～5天，长出白色菌丝。10天后通过筛选，挑出菌丝发育快的试管继续培养，对染有杂菌和长势弱的淘汰。经过20～24天的培养，菌丝会长满试管。

5. 母种转管扩接　无论自己分离获得的母种，或是从制种单位引进的母种，直接用作栽培种，不但成本高、不经济，且因数量有限，不能满足生产上的需求。因此，一般对分离获得的一代母种，都要进行扩大繁殖。即选择菌丝粗壮、生长旺盛、颜色纯正、无感染杂菌的试管母种，进行转管扩接，以增加母种数量。一般每支一代母种可扩接成5～6支。但转管次数不应过多，因为转管次数太多，菌种长期处于营养生理状态，生命繁衍受到抑制。因此，母种转管扩接，一般最多不超过5次。

（1）涂擦消毒　将双手和菌种试管外壁用75%酒精棉球涂擦。

（2）合理握管　将菌种和斜面培养基的两支试管用大拇指和其他四指握在左手中，使中指位于两试管之间，斜面向上，并使它们呈水平位置。

（3）松动棉塞　先将棉塞用右手拧转松动，以利于接种时拔出。右手拿接种针，将棉塞在接种时可能进入试管的部分，全部用火灼烧过。

（4）管口灼烧　用右手小指、无名指和手掌拔掉棉塞、夹住。靠手腕的动作不断转动试管口，并通过酒精灯火焰。

（5）接步接种　将烧过的接种针伸入试管内，先接触没有长菌丝的培养基上，使其冷却；然后将接种针轻轻接触菌种，挑取少许菌种，即抽出试管，注意菌种块勿碰到管壁；再将接种针上的菌种迅速通过酒精灯火焰区上方，伸进另一支试管，把菌种接入试管的培养基中央。

（6）回塞管口　菌种接入后，灼烧管口，并在火焰上方将棉塞塞好。塞棉塞时不要用试管去迎棉花塞，以免试管在移动时吸入不净空气。

（7）操作敏捷　接种整个过程应迅速、准确。最后将接好的试管贴上标签，送进培养箱内培养。母种转管扩接无菌操作方法见图 11。

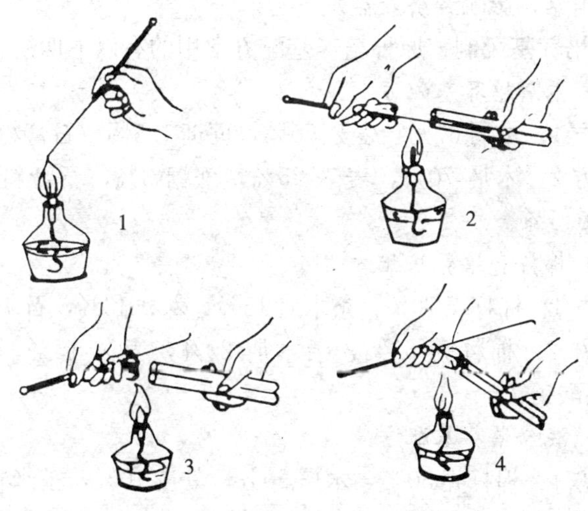

图 11　母种转管扩接无菌操作

1. 接种针消毒　2. 无菌区接种　3. 棉塞管口消毒　4. 棉塞封口

6. 母种育成与检验　扩接后的母种，置于恒温箱或培养室内培养，在 23～26℃恒温环境下，一般培养 15～20 天，菌丝走满管，经检查剔除长势不良或受杂菌污染等不合格品外，即成母种。无论是引进的母种或自己扩管转接育成母种后，一定要经过检验。

(二) 原种制种技术

原种是由母种繁殖而成，属于二级菌种，育成后作为扩大繁殖栽培种用的菌种。因此，对培养料要求高，制作工艺精细。具体技术规程如下：

1. 原种生产季节 原种制作时间，应按当地所确定茶薪菇栽培袋接种日期为界限，提前70～80天开始制作原种。菌种时令性强，如菌种跟不上，推迟供种，影响产菇佳期；若菌种生产太早，栽培季不适应，放置时间拖长，引起菌种老化，导致减产或推迟出菇，影响经济效益。

2. 培养基配制 原种培养基配方常用的有以下四组。

(1) 木屑培养基配方

配方1：木屑67%，麦麸30%，蔗糖1.5%，石膏粉1.5%。

配方2：木屑70%，麦麸25%，蔗糖3%，石膏粉1.5%，硫酸镁0.5%。

(2) 棉籽壳培养基配方

配方1：棉籽壳70%，杂木屑15%，麦麸13%，石灰粉2%。

配方2：棉籽壳63%，杂木屑20%，麦麸15%，石灰粉1%，碳酸钙1%。

(3) 混合培养基配方

配方1：棉籽壳50%，木屑20%，麸皮10%，玉米粉15%，菜籽饼粉（或棉籽饼粉）3%，石膏粉1%，糖0.5%，磷酸二氢钾0.4%，硫酸镁0.1%。

配方2：木屑54%，玉米粉25%，麦麸15%，石膏粉1%，磷酸二氢钾0.4%，茶籽饼粉或其他籽饼粉4%，硫酸镁0.2%，红糖0.4%。

（4）谷物培养基配方

配方1：小麦（大麦、燕麦）40%，木屑30%，玉米粉16%，麦麸8%，石膏粉1%，茶籽饼粉4%，磷酸二氢钾0.4%，硫酸镁0.2%，红糖0.4%。

配方2：玉米粒培养基：玉米粒80%，杂木屑15%，石膏粉1%，麦麸4%。

配制方法：按比例称取木屑和棉籽壳、麦麸、蔗糖、石膏粉，先把蔗糖溶于水，其余干料混合拌匀后，加入糖水反复拌匀。棉籽壳料拌匀后，须整理成小堆，待水分渗透原料后，再与其他辅料混合搅拌均匀。检测含水量一般掌握60%，pH为6.5。谷物培养基制作参照栽培种制作工艺部分麦料培养基制作技术。

3. 装瓶灭菌　原种多采用750毫升的广口玻璃菌种瓶，也可用聚丙烯菌种瓶或塑料袋。培养料要求装得下松上紧，松紧适中，过紧缺氧菌丝生长缓慢；太松菌丝易衰退，影响活力，一般以翻瓶料不倒出为宜。装瓶后也可采取在培养基中间钻一个2厘米深、直径1厘米的洞，可提高灭菌效果，有利于菌丝加快生长。装瓶后用清水洗净、擦干瓶外部，棉花塞口，再用牛皮纸包住瓶颈和棉塞，进行高压灭菌。

木屑培养基灭菌以0.147兆帕压力保持2小时。棉籽壳培养基高压灭菌，保持2.5～3小时。棉籽壳含有棉酚，有碍茶薪菇菌丝生长，因此在高压灭菌时采取3次间歇式放气法排除。详见栽培种制作工艺部分综合培养基栽培制作技术中的“料袋灭菌”。

4. 原种接种培养　原种是由母种接入，每支母种可扩接原种4～6瓶，具体操作方法见图12。

原种培养室要求清洁、干燥和凉爽。接种后10天内，室内温度保持23～26℃。由于菌丝呼吸放出热量，当室温达到25℃时，瓶内菌温可达到30℃左右，所以室温不宜超过27℃。如果温室过高，则菌丝生长差，影响菌种质量。室温超过规定标准时，应采用空调降至适温，同时加强通风。室内空气相对湿度以70%以下为好。原种培养室的窗户，要用黑布遮光，以免菌丝受光照刺激，原基早现或基内水分蒸发，影响菌丝生长。当菌丝长到培养基的1/3时，随着菌丝呼吸作用的日益加强，瓶内料温也不断升高。此时室温要比开始培育时降低2～3℃，并保持室内空气新鲜。20天后室温应恢复至25℃。

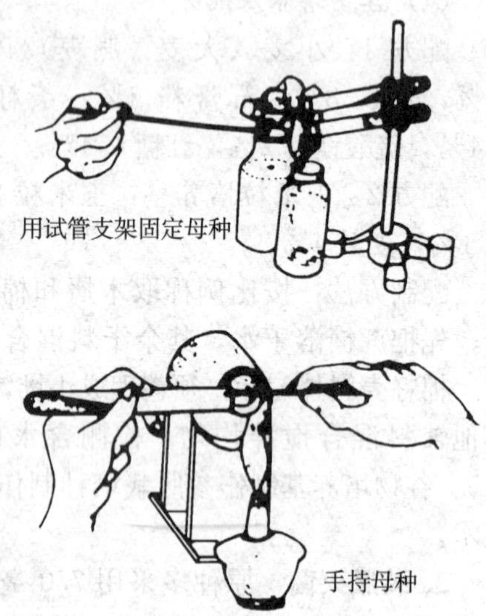

图12　母种接种原种示意图

（三）栽培种制种技术

栽培种是由原种进一步扩大繁殖而成，每瓶原种可接栽培种60袋。有条件的菇农可进行栽培种的生产，这不仅节约开支，而且还可免去购买菌种的长途运输。

1. 栽培种生产季节　按茶薪菇大面积生产菌袋接种日期，提前40天进行栽培种制作。如安排秋栽，8月中旬开始菌袋生产，其栽培种要提前于7月上旬进行制作。栽培种的培养基可采用棉籽壳或木屑混合配成，或麦粒培养基。

2. 综合培养基栽培种制作技术　福建省古田县茶薪菇栽培种，多数采取混合料培养基，并在灭菌上有新措施。这里介绍年产茶薪菇菌种50万瓶的黄庆询菌种场的制种经验。

（1）培养基配方　棉籽壳100千克，杂木屑20千克，麦麸20千克，石灰1.2～1.5千克，料与水比例1∶1～1.2。混合拌匀，装入12厘米×24厘米的菌种袋，每袋湿重500克多些。

（2）料袋灭菌　采用高压灭菌3次放气。方法：第一次当锅内压力达0.49兆帕时，打开排气阀，排除锅内冷气，待压力降到0时，再关闭，让气压上升至0.24兆帕第二次打开排气阀，让袋内气体排除；当压力降至0.176兆帕时，再关好阀门，让气压回升到0.245兆帕时，再行第三次放小气15分钟，而后以0.245兆帕保持5小时，达到彻底灭菌。菇农制作栽培种，也可采用常压灭菌，100℃以上保持24小时。

（3）接种培养　待料温降至28℃以下时，在无菌条件下接入茶薪菇原种。每袋原种接栽培种60袋。接种后菌袋摆放于室内架床上，培养架6～7层，层距33厘米，菌袋采取每3袋重叠摆列，每列菌袋间留10厘米通风路。每平方米架床可排放180袋。菌种培养温度控制在25℃条件下，培养35～38天，菌丝走至离袋底1～2厘米时，正适龄，生活力强，即可用于栽培茶薪菇，原种扩接栽培种方法见图13。

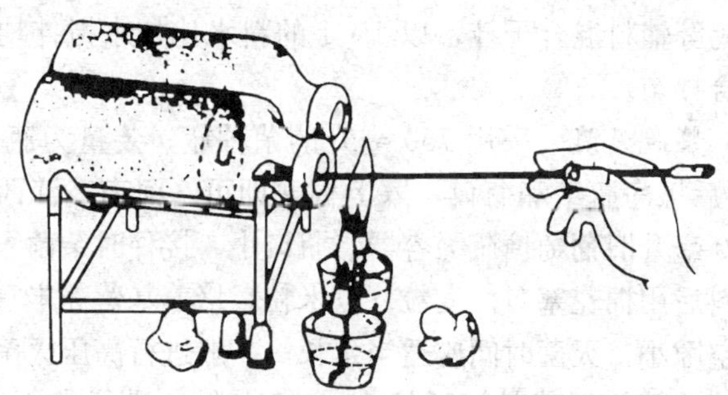

图13　原种扩接栽培种方法

3. 麦粒培养基栽培种制作技术

（1）培养基配方　下面两组培养基配方任选1种。

配方1：小麦（或大麦、燕麦、玉米）40%，木屑30%，麦麸 8%，玉米粉 16%，石膏粉 1%，茶籽饼粉或棉籽饼粉 4%，红糖 0.4%，磷酸二氢钾 0.4%，硫酸镁 0.2%。料水比 1∶1.3。

配方 2：小麦（或大麦、燕麦、玉米）35%，木屑 30%，麦麸 8%，玉米粉 15%，石膏粉 1%，棉籽壳 10%，红糖 0.4%，磷酸二氢钾 0.4%，硫酸镁 0.2%。料水比 1∶1.3。

（2）*浸泡烫煮* 先将麦粒除去杂物，用水浸泡。温度低时浸 24 小时，温度高时浸 12～16 小时，使麦粒既充分吸水，又不发芽，以浸水后的麦粒稍显膨胀为宜，一般以麦粒内无夹白心为度。

将浸泡好的麦粒捞起，过一次清水，沥干置沸水中烫煮20～30 分钟，或者煮沸 15～29 分钟。麦粒膨大，无破裂，手压有弹性，一捏即破，而且具有麦粒煮熟后的香味。一般以麦粒熟而不烂，透明发亮的程度为好。

（3）*混合拌料* 将烫煮好的麦粒捞起，过冷水淋洗 1 次后，沥去多余水分，稍晾干麦粒表面的水分，再拌入木屑或玉米粉、麦麸、棉籽壳和石膏粉等辅料，搅拌均匀，含水量达 60%左右。操作时应先将木屑或棉籽壳与玉米粉、麦麸、茶籽饼粉、石膏粉和碳酸钙等辅料混合干拌，以 1∶1 的料水比加水搅拌均匀后与麦粒混合拌匀。

（4）*装瓶灭菌* 采用 750 毫升的菌种瓶，装量为瓶高的 3/4，装料后擦净瓶壁和瓶口，塞上棉塞即可。河南、江西、湖北采用 500 毫升旧葡萄糖瓶为容器，瓶口小，接种时杂菌入侵机会少。装料后用棉花塞口。麦粒（玉米粒）培养基营养丰富，质地坚实，空隙小，灭菌时间应适当延长。一般进行高压灭菌时，应比普通培养基的灭菌时间延长 20～30 分钟；进行常压灭菌时，比普通培养基的时间延长 1～2 小时。灭菌结束及时取出，并用电风扇吹干棉塞，以免留在灶内被余热烘干培养料。

（5）*接种培养* 经灭菌后的麦粒培养基，应立即搬入接种室或接种箱内，按常规方法进行消毒、接种和培养。

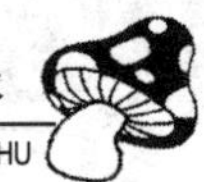

（四）菌种选育技术

1. 自然选育 自然选育是有目的地选择并积累茶薪菇自发产生的有益变异的过程，是获得优良菌种较为简单有效的方法。茶薪菇在野生或人工栽培条件下，都有不断产生变异的可能。生产上用的菌种虽然保藏在比较稳定（如低温下）的环境中，但仍能产生不同程度的变异，这类变异都属自发突变，即不经人工处理而自然发生的突变。变异有两种情况，即正向变异和负向变异，前者是提高产量，后者导致菌种衰退和产量下降。为使菌种尽可能减少变异，保持相对稳定，以确保生产水平不下降，生产菌株经过一定时期的使用后，须选择感官性状良好的子实体，用组织分离或单孢分离的方法进行纯化，淘汰衰退的，保存优良的菌种。此即为菌株的自然选育。

2. 诱变育种 诱变育种是利用化学或物理因素处理茶薪菇的孢子群体或菌丝体，促使其中少数孢子或菌丝中的遗传物质的分子发生改变，从而引起遗传性改变，然后从群体中筛选出少数具有优良性状的菌株，这一过程就是诱变育种。诱变引起的变异常是突发性的，称为突变。突变常常有利于产量的提高和品质的改善。常用的物理手段为各种射线，适合化学诱变的药剂为：亚硝酸、甲基磺酸乙酯、亚硝基胍、氯化锂、硫酸二乙酯等。

3. 杂交育种 杂交育种是指遗传性不同的生物体相交配或结合而产生杂种的过程。依人工控制与否，可分天然杂交和人工杂交；依杂交时通过性器官与否，可分有性杂交和无性杂交；依杂交亲本亲缘远近不同，可分远缘杂交（种间、属间杂交）和种内杂交。茶薪菇的杂交是指不同种或种内不同菌株系之间的交配，以后者更重要。

4. 细胞融合育种 细胞融合是 20 世纪 70 年代后期发展起来的一种新的生物育种技术。简单地说，细胞融合就是使两种不同的体细胞和性细胞，在助融剂和高渗透溶液中脱除各自的细胞壁，并使原生质体融合在一起，再生出细胞壁，组成一种新细胞。这种技术从原则上讲可以打破种与种、属与属，甚至低等生物与高等生物细胞之间的界限，使任何两种细胞融合在一起。一般实验室均具备开展细胞融合试验所用的药品、设备等，所以茶薪菇细胞融合育种是可行的。

（五）菌种复壮与保藏技术

1. 菌种的复壮 食用菌的遗传稳定是相对的，变异是绝对的，往往一个优良的菌种衰退转化就会成为劣质的品种，因而，必须对菌种复壮。菌种复壮的目的在于确保菌种优良性状和纯度，防止退化。复壮方式有以下几种：

（1）分离提纯 重新选育菌种。在原有优良菌株中，通过栽培出菇，然后对不同系的菌株进行对照，挑选性状稳定、没有变异，比其他菌株强的，再次分离，使之继代。

（2）活化移植 菌种在保藏期间，通常每隔3～4个月要重新移植一次，并放在适宜的温度下培养1周左右，待菌丝基本布满斜面后，再用低温保藏。但应在培养基中添加磷酸二氢钾等盐类，起缓冲作用，使培养基pH变化不大。

（3）更换养分 菌种对培养基的营养成分往往有喜新厌旧的现象，连续使用同一种木屑培养基，会引起菌种退化。因此，注意变换不同树种和不同配方比例的培养基，可增强菌种生活力，促进良种复壮。

2. 菌种保藏 最常见的菌种保藏方法有以下几种：

（1）低温保藏 将母种先用蜡纸或牛皮纸包住管口，再用橡皮筋扎牢，置于4℃左右的电冰箱内存放，每隔3个月移植1次。

（2）液状石蜡保藏 在母种试管内灌入无菌液状石蜡，注入量以浸没斜面上方1厘米左右为宜，使菌丝与空气隔绝，降低活力。然后在棉塞处包扎塑料薄膜，置于室内干燥或低温保藏，一般可以保藏1～2年。

（3）改善环境　若原种或栽培种已成熟，因一时生产衔接不上，延长接种时间，应将菌种在卫生干燥、避光、阴凉的房间内摆放；瓶或袋之间拉大距离，注意控温、通风、防潮。有条件的可放在空调房内，调到5℃保藏，防止菌丝老化。

五、茶薪菇无公害高产栽培技术

（一）栽培季节的选择

栽培茶薪菇，应当根据它的菌丝生长和子实体发育所需要的最适环境条件，合理安排其栽培时间。我国大部分地区属温带和亚热带，气候温暖，雨量充沛，在自然气候条件下，春、秋两季均可栽培茶薪菇，在南方沿海地区可以进行茶薪菇的周年生产。

由于我国南北气候不同，同样的春、秋季节，差异甚大。因此在安排栽培时间时，必须掌握茶薪菇属中温型菌类的特点。它的菌丝生长适温为22～27℃，当温度低于14℃时，菌丝生长缓慢，生产时间延长，且易老化；高于28℃，菌丝则生长过快，但细弱易衰退。它的子实体生长最适宜温度为16～24℃，低于15℃时不易出菇；高于28℃时子实体薄而色淡；超过30℃时子实体难以发生，并影响产品质量。

代料栽培茶薪菇，要先培育菌丝体，时间需50～60天；然后转入出菇，生长期还需要50～60天。因此各地安排栽培时间时，要照顾好两个方面：既要考虑到菌丝体培养期间的最适温度和不允许超过的范围，同时又要兼顾出菇期间的最适温度和不允许超出的范围。要避过高温期，以免高温、高湿造成杂菌污染。根据各地实践经验，利用自然气温条件生产茶薪菇，其栽培时间具体划分如下：

长江以南诸省，春季宜2月下旬至4月上旬培育菌丝体，4月中旬至6月中旬长菇；秋季宜8月下旬至9月底培育菌丝体，10月上旬至11月底长菇。

华北地区，以河北省中部气温为准，春季宜3月中旬至4月底培育菌丝体，5月初至6月中旬长菇；秋季宜7月上旬至8月中旬培育菌丝体，8月下旬至10月中旬长菇。

西南地区，以四川省中部气候为基准，春季宜4月上旬至5月中旬培育菌丝体，5月下旬至6月底出菇；秋季宜9月初至10月上旬培育菌丝体，10月中旬至11月底出菇。

（二）原辅材料与基质安全要求

1. 栽培袋质量规格要求

（1）*栽培袋原料要求*　茶薪菇栽培袋的原料为塑料薄膜筒料，要求符合国家标准GB9687—1998《食品包装聚乙烯成型品卫生标准》。栽培袋的原料应选用低压聚乙烯（HDPE）薄膜加工成型的折角袋。这是在常压灭菌条件下，常用的一种理想薄膜袋。聚丙烯袋虽耐高压、透明度高，但质地硬脆，不易与料紧贴，低温易破裂。

（2）*栽培袋规格*　茶薪菇栽培袋常用的规格有两种，即15厘米×30～33厘米×0.04厘米，每袋可装干料325～350克；或17厘米×30～33厘米×0.04厘米，每袋可装干料400～450克。上述两种栽培袋，装料量适中，有利灭菌，出菇快，因而得到全面推广。

（3）*质量要求*　栽培袋规格要一致，厚薄均匀，袋径长宽大小一致；结构精密，料面密度高，无砂眼，无针孔，无凹凸不平；延展性好，剪2～4圈拉开不断，耐高温，装料后100℃常压灭菌保持16～24小时不膨胀、不破裂、不熔化。

2. 栽培基质安全要求

（1）*水*　根据我国食用菌无公害生产要求，茶薪菇栽培要符合 NY5099—2002 的规定，用水必须使用生活饮用水。

（2）主辅料　茶薪菇栽培原料及添加剂，也应符合国家农业部颁发的 NY5099—2002《无公害食品　食用菌栽培基质安全技术要求》。主辅料要把好“四关”：即原料应新鲜无霉烂变质；原料入库前要经暴晒，杀灭病原菌和害虫、虫蛆；仓库要干燥、通风、防雨淋、防潮湿；用料时要暴晒，经灭菌后基质要达到无菌状态，不准拌入农药。添加剂要符合无公害标准（表 3）。

表 3　无公害栽培基质化学添加剂规定标准

添加剂种类	使用方法和用量
尿素	补充氮源营养，0.1%～0.2%，均匀拌入栽培基质中
硫酸氢铵	补充氮源营养，0.1%～0.2%，均匀拌入栽培基质中
碳酸氢铵	补充氮源营养，0.1%～0.5%，均匀拌入栽培基质中
氰铵化钙(石灰氮)	补充氮源营养和钙素，0.2%～0.5%，均匀拌入栽培基质中
磷酸二氢钾	补充磷和钾，0.05%～0.2%，均匀拌入栽培基质中
磷酸氢二钾	补充磷和钾，用量为 0.05%～0.2%，均匀拌入栽培基质中
石灰	补充钙素，并有抑菌作用，1%～5%，均匀拌入栽培基质中
石膏	补充钙和硫，1%～2%，均匀拌入栽培基质中
碳酸钙	补充钙，0.5%～1%，均匀拌入栽培基质中

（3）覆土材料　覆土材料要符合无公害食用菌生产的要求，做到农药、重金属含量不超标，材料使用前要进行合理的消毒灭菌处理，使用化学药剂时，种类的选择和用量都应符合无公害食用菌生产的要求。

（三）原料配制与拌料

1. 原料配制

（1）实用培养基配方　适合茶薪菇栽培的主料有很多，诸如树木屑、农作物秸秆、工业废渣、野草类等。选择何种培养基配方必须遵循高产、高效、方便、廉价、无公害、环保的原则。因而要做到因地制宜、因时制宜。现将一些实用的配方列举如下：

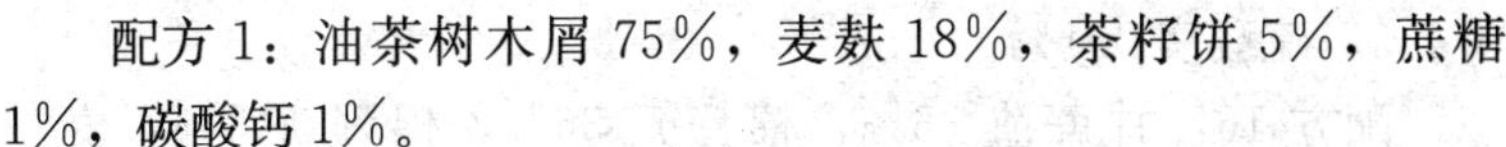

配方 1：油茶树木屑 75%，麦麸 18%，茶籽饼 5%，蔗糖 1%，碳酸钙 1%。

配方 2：杂木屑 72%，麦麸 25%，石膏 1%，蔗糖 1%，过磷酸钙 0.5%，石灰 0.5%。

配方 3：棉籽壳 82%，麦麸 16%，石灰 2%。

配方 4：棉籽壳 68%，麦麸 20%，花生饼 5%，玉米粉 5%，石膏 1%，蔗糖 1%。

配方 5：棉籽壳 72%，米糠 20%，茶籽饼粉 5%，石灰 1%，蔗糖 1%，磷酸二氢钾 1%。

配方 6：棉籽壳 78%，麦麸 20%，石膏 1%，蔗糖 0.5%，石灰 0.5%。

配方 7：杂木屑 38%，棉籽壳 37%，麦麸或米糠 20%，玉米粉 3%，蔗糖 1%，碳酸钙 1%。

配方 8：棉籽壳 56%，杂木屑 17%，麦麸 20%，茶籽饼粉 4.8%，碳酸钙 1%，磷酸二氢钾 0.2%，蔗糖 1%。

配方 9：杂木屑 40%，棉籽壳 30%，麦麸 16%，玉米粉 6%，茶籽饼 5%，石膏 1.5%，蔗糖 1%，磷酸二氢钾 0.5%。

配方 10：棉籽壳 39%，杂木屑 39%，麦麸 20%，石膏 2%。

配方 11：杂木屑 37%，棉籽壳 36%，麦麸 20%，玉米粉 5%，轻质碳酸钙 1%，蔗糖 1%。

配方 12：茶籽壳 40%，棉籽壳 32%，麦麸 20%，玉米粉 5%，石灰 2%，过磷酸钙 1%。

配方 13：玉米芯 37%，杂木屑 38%，麦麸 23%，石膏 1%，过磷酸钙 0.5%，石灰 0.5%。

配方 14：玉米芯 60%，棉籽壳 10%，杂木屑 10%，麦麸 12%，玉米粉 6%，石膏 1%，蔗糖 0.5%，磷酸二氢钾 0.4%，硫酸镁 0.1%。

配方 15：甘蔗渣 60%，棉籽壳 10%，杂木屑 10%，麦麸 12%，玉米粉 1.5%，石膏 1.5%，红糖 1%，磷酸二氢钾

0.4%，硫酸镁0.1%。

配方16：甘蔗渣36%，棉籽壳36%，棉籽饼5%，麦麸15%，玉米粉5%，石膏1%，红糖1.5%，磷酸二氢钾0.4%，硫酸镁0.1%。

配方17：芦苇35%，芒萁30%，棉籽壳12%，麦麸20%，蔗糖1.5%，硫酸镁0.5%，石灰1%。

(2) 配料操作规程

①定量取料。按照选定的培养基配方，称取定量的原、辅料。这里按照棉籽壳培养基配方3计算，每栽培1万袋（按15厘米×30厘米袋，平均每袋装量350克）应取原、辅材料数量见表4。

表4　配制1万袋培养基原、辅材料用量

培养基及菌种		配套材料		消毒用品	
名称	数量	名称	数量	名称	数量
棉籽壳	2 870千克	塑料袋	1 000只	气雾消毒盒（50克装）	10盒
麦麸	560千克	扎口线带	2千克	500毫升酒精	2千克
蔗糖	18千克				
石灰	52千克	编织袋	250个	500毫升来苏儿	5瓶
				500毫升甲醛	2瓶
				高锰酸钾	1千克
栽培种	250瓶	灭菌灶用煤	600千克		

②调水比例。茶薪菇培养配方用水量，因原料物理性状不同和干燥程度不一，料与水比例有别：一般木屑培养基配方为1∶1.1，棉籽壳培养基配方为1∶1.2，玉米芯、甘蔗渣、野草等吸水性强的应为1∶1.3～1.4。

③配料操作步骤。第一，选择场地以水泥地和木板坪为好。选好场地后进行清洗并清理四周环境。第二，过筛除杂。先把棉籽壳、木屑、麦麸等主要原料、辅料，分别用2～3目的竹筛或铁丝筛过筛，剔出小木片、小枝条及其他有棱角的硬物，以防装

料时刺破塑料袋。第三，区别混合。先将木屑、麦麸、石膏、石灰等搅拌均匀，然后把可溶性的添加剂，如蔗糖、尿素、过磷酸钙、硫酸镁、磷酸二氢钾等溶于水，再加入干料中混合。第四，加水搅拌。采用自动化搅拌机时，将料混合集堆，拌料机开推，搅拌，反复搅拌3～4次，使水分被原料均匀吸收。选棉籽壳配方时，应提前一天将棉籽壳加水预湿，使水分渗透棉籽壳中。然后过筛打散结团。过筛时应边洒水，边整堆，防止水分蒸发。

④配料关键控制点。在培养基配制中应严格控制“五关键”：

第一，含水量控制。调水掌握“四多四少”，即：一是基质颗粒细或偏干的、吸收性强的，水分宜多些；基质颗粒硬或偏湿的，吸水性差，水分应少些。二是晴天水分蒸发量大，水分应偏多些；阴天空气湿度大，水分不易蒸发，则偏少。三是料场所在水泥地的，因其吸水性强，水分宜多些；木板地吸水性差，水分宜调少些。四是海拔高和秋季干燥天气，用水量略多；气温30℃以下配料时，含水量应略少些。木屑质地坚硬与松软，木屑颗粒粗与细，本身基质干与湿之差，一般约相差10%。特别是甘蔗渣、棉籽壳、玉米芯等原料，吸水性极强，所以调水量应相应增加。

第二，均匀度控制。拌料不均匀，培养料养分不均衡，接种后会出现菌丝生长不整齐。比如，配方中常用过磷酸钙，如若没经溶化就倒入料中，拌料后又没过筛，过磷酸钙整块集聚，装袋后集中在部分袋内，致使茶薪菇菌丝接触这部分培养料时难以生长。有的由于拌料不均匀，导致氮源不均匀，只长菌丝而不出菇。因此，配料时要求做到“三均匀”：即原料与辅料混合均匀，干湿搅拌均匀，酸碱度均匀。

第三，操作速度控制。茶薪菇秋栽量一般较多，此时气温25～30℃，常因拌料时间过长，培养料发生酸变，接种后菌袋成品率不高。因为培养料配制时要加水、加糖，再加上气温高，极易使其发酵变酸。所以，当干料加水后，从搅拌至装袋开始，其时间以不超过 2 小时为宜。要做到搅拌分秒必争，当天拌料，及时装袋灭菌，避免基质酸变。

第四，污染源控制。在培养料配制中，为避免杂菌侵蚀，必须从原料选择入手，要求足干，无霉变；在配料前原料应置于烈日下暴晒 1～2 天，利用阳光的紫外线杀死存放过程感染的部分杂菌。拌料选择晴天上午气温低时开始，争取上午 10 时前拌料结束，转入装料灭菌，避免基质发酸，杂菌孳生。

第五，添加剂控制。培养基添加剂必须符合 NY5099—2002《无公害食品安全技术要求》标准。

2. 拌料

（1）拌料时间　以晴天或阴天拌料较为理想。雨天不要拌料，因为湿度太大，人员操作行动不便。在夏季，晴天配料应选择上午或傍晚进行，中午气温高，培养料加水混合后较易发酵，使培养基发酸。

（2）拌料前的准备　木屑要过筛，剔除小木片和其他块状硬物，以防刺破薄膜菌袋。拌料前，木屑要进行适当处理。将木屑堆积起来，通过雨淋或水淋进行发酵处理，冲洗掉木屑中的有害物质，促使纤维素、木质素等成分熟化或降解，使之容易被茶薪菇菌丝分解吸收。棉籽壳，应提前一天在傍晚加水预湿，使其吸足水分。

（3）机械拌料　拌料可采用人工搅拌或搅拌机搅拌。使用搅拌机拌料时，应按操作规程作业，注意安全。可先将干料搅拌 3 分钟，使之干湿均匀，再加水调节，继续搅拌 10～15 分钟，直到料水混合均匀一致，含水量达 60%左右，即可卸料。加料时，要严防石块和金属等杂物混入料中，以免损坏机件。

（4）人工拌料　农村常用人工拌料，将木屑、棉籽壳等主料混合倒入事先清理好的拌料场上，堆成山形。再把麸皮、玉米粉、茶籽饼粉等辅料从木屑堆的尖部倒下，使麸皮等辅料均匀地往下散开，并把石膏粉等均匀地撒在四周，把上述干料先行搅拌

均匀。然后把可溶性的添加物，如红糖、蔗糖、磷酸二氢钾等溶于水中，再加入干料中进行混合。混合后的拌料方法为：先把堆成山形的干料堆，从尖端向四周摊开，使其形成凹形，再把清水倒入其中，用锄头或铁铲使料堆逐步向四周扩大，水分逐渐被干物质吸收。当水分被干物质吸收后，经过反复搅拌 3～4 次，使水分吸收均匀。然后把拌匀的料结团打散，使料更加均匀，并边洒水，边整堆。拌料要求做到“三均匀”，即主料与辅料混合均匀、干湿搅拌均匀、酸碱度均匀。

（5）酸碱度测定　料拌好后，要检查料中的酸碱度，pH 在 5.5～7 之间为好。若不符合要求，培养基偏酸，可加入 5%氢氧化钠溶液进行调节；培养基偏碱，可加入 5%的稀盐酸进行调节。

（6）拌料注意事项

①准确掌握含水量。茶薪菇培养料的含水率以 55%～65%为宜，料水比为 1∶1.2 左右。拌料时，可通过安装自来水表准确掌握用水量，也可用 SYS-1 型水分测定仪检测。农村常凭感观来测定，即用手握紧培养料，指缝间有水渗出的感觉，但无水下滴，伸开手指料成团，落地即散，其含水量一般为 55%左右。经过检测，如果水分不足，则应补水调节；若水分过多，可按配方比例添加干料，或把料摊开，让水分蒸发至适度即可。

②力求均匀。拌料不均匀，培养料养分不均衡，接种后菌丝生长不整齐。比如对配方中常用的过磷酸钙，有的生产单位未将它溶化就把它倒入料中，拌制后又没过筛，使过磷酸钙整块集聚，装袋后集中在部分袋内，致使茶树菇菌丝接触这部分培养料时难以生长。有的由于拌料不均，导致氮源分布不匀，而只长菌丝，不出菇。因此，配料时要求做到“三均匀”。

③操作速度要快。袋料栽培茶薪菇多在春、秋季，此时气温为 20～25℃，常因拌制时间延长，培养料发生酸变，而使接种后菌袋成品率不高。因为培养料配制时要加水、加糖，再加上气

温高，极易发酵变酸。因此，当干物质加入水后，从搅拌至开始装袋，其时间以不超过2小时为妥。这就要做到当天拌制，及时装袋灭菌，避免基质酸变。从我国现有的生产规模看，一般每次拌料都在2 500～3 000千克，即2 509～3 000袋，而现有搅拌机的工作效率，每台每小时只能拌料800千克，显然是满足不了需要的。因此，大都采用人工拌料，这就要配备3～4人，抓紧进行，要在2小时内结束拌装料。

④要杜绝杂菌污染源。在配制培养料时，为避免杂菌侵入，必须首先从原料选择入手。要求原料足干，无霉变，在配制前置于烈日下暴晒1～2天，利用阳光的紫外线杀死存放过程中感染的部分霉菌。拌料应选择晴天上午气温低时进行，并在上午10时前结束，转入装料灭菌，避免基质发酸，杂菌滋生。在气温较高的季节配料时，可用多菌灵，按0.1%的比例，拌入料中。这样做，有利于杀灭杂菌，尤其对红色链孢霉能起到抑杀作用。多菌灵为农药，使用时须严格按照规定的比例配用，切不可随意增加。否则，易伤害菌丝，而且还会沉积于基料中，使茶薪菇的品质受到影响。

（四）装袋与灭菌

1. 装袋 培养料配制后，应立即转入装袋工序。装袋时，采取装袋机装料和人工装料方式均可。

（1）机械装料 装袋机每台每小时可装800袋，操作熟练的可达800袋以上。每台机配备7人为一组。其中添料1人，套袋装料1人，传袋1人，捆扎袋口4人。操作过程如下：

①装料。先将薄膜袋未封口的一端张开，套进装袋机出料口的套筒上，双手托住。当料从套筒源源输入袋内时，右手撑住袋头往内紧压，形成内外互相挤压，料入袋内更紧实。此时左手托住料袋，顺其自然地后退。当填料接近袋口6厘米处时，料袋即

可取下竖立，并传给下一道捆扎袋口工序。

②扎口。采用棉纱线或塑料编织带捆扎袋口，操作时，按装量先增减袋内培养料，使之足量。继之左手抓料袋，右手提袋口薄膜，左右对转，或在袋口四周拳击数下，使袋料紧贴，不留空隙，然后清理袋口 6 厘米内的空间，擦掉粘住的培养料，纱线捆扎袋口 3～4 圈后，反折过来再扎 3 圈，袋头即密封。机装速度极快，如果扎口工来不及，袋子填料后，应捏紧袋口薄膜反折过来，把料袋倒置到操作场上，以防“爬料”。

③掌握好装袋机。使用装袋机时，应根据装袋需要，更换相应的搅龙和搅龙套。生产过程中若出现料斗内物料架空时，应及时拨动料斗，但不得用手直接伸入料斗内拨动，以免轧伤手指。

（2）人工装料　用手一把一把地将培养料装入袋内，边装料边抖实。同时用木棒或酒瓶压紧，使装的料紧实无空隙，光滑均匀，特别是料与膜之间不能留有空隙，以防接种时吸进空气，发生污染。为保险起见，机械装料和人工装料均可用双层袋，里袋规格为 15 厘米×30 厘米，外袋为 17 厘米×33 厘米。每袋装料为 0.6～0.8 千克。然后用左手抓紧袋口，袋面与料紧贴，不留空隙，折好袋口，用扎绳扎实，使袋口完全密封，防止蒸料时水蒸气从没有扎紧的袋口进入袋内，造成水袋。扎口前，应用清洁的抹布把袋口部黏着的培养料擦净，防止杂菌污染。袋装好后，要轻拿轻放，不可直接放在地面上，下边应铺上麻袋、编织袋等物，防止砂粒刺破料袋，导致杂菌感染。

（3）装料的基本要求

①松紧适中。培养料的松紧情况，直接影响到袋内氧气与二氧化碳的含量，对以后菌丝在袋内的生长速度与原基形成有影响。装料过松，袋内氧气过多，气生菌丝生长旺盛，在发菌期的搬袋翻堆过程中极易造成断裂，影响正常生长。由于装量不足，长菇少，菇盖薄，影响产量和品质。同时由于袋膜与料不紧贴，接种时会引起穴口薄膜上下震动，造成接种穴附近薄膜内外的气

压差，杂菌会随气流震动进入穴内，引起污染。如果装料太紧，则易破袋，而且透气性差，发菌生长缓慢。标准的松紧度应是以成年人手抓料袋，五指用中等力捏住，袋面呈微凹指印，有木棒状感觉为妥。如果手抓料袋时两头略垂，料体出现断裂，则表明太松。

②不超时限。培养料装入袋内后，由于不透气，料温上升极快。为了防止培养基发酵，装袋要抢时间，从开始到结束，时间不超过 3 小时。无论是机装或是手工装，均应安排好人手。

③扎牢袋口。机械装料进袋紧实，离机后袋料容易松动，因此要抓紧捆扎袋口，并要捆扎牢固，不漏气，以防止灭菌时基料受热后膨胀，气压冲散扎头，造成袋口不密封，杂菌从口而入。

④轻取轻放。装料和搬运过程，均要轻取轻放，不可硬拉乱摔，以免使料袋破裂。装料场地和搬运车具上，需铺放麻袋或薄膜，防止料袋被刺破，造成杂菌侵入。

⑤装袋灭菌要当日清。培养料的配装量，要与灭菌设备的吞吐量相衔接，做到当日配料、当日装完、当日灭菌。

⑥装袋灭菌要等量。灭菌灶通常一次装1 500袋或3 000袋培养料，料袋进灶和灭菌的时间长达 20 多小时。如果配料量超过灭菌灶的容量，剩余的料袋需待 20 多小时后才能进行灭菌，必然引起酸败变质，所以应事先计算好准确的装配量。

2. 灭菌　茶薪菇高温灭菌有两种功能：一是杀灭培养料中的全部杂菌；二是通过高温煮熟培养料，促使纤维素、木质素等熟化和降解，释放出更多的有效成分。高温灭菌是茶薪菇生产中十分重要的环节。

（1）高压灭菌　这是用高温高压蒸汽灭菌的方法。高压蒸汽灭菌可以杀死一切微生物。灭菌的蒸汽温度，随着蒸汽压力的增加而增高。增加蒸汽的压力，灭菌的时间可以大大缩短。因此，它是一种最有效的、使用最广泛的灭菌方法。

高压蒸汽灭菌，所采用的蒸汽压力与灭菌时间，应根据具体

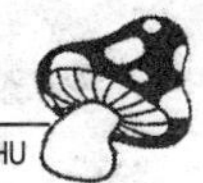

灭菌物质而定。液体培养基灭菌时，一般采用98千帕的压力，121.3℃的温度，灭菌30分钟。对母种、栽培种等固体培养基灭菌时，通常采用147千帕的压力，128℃的温度，灭菌1～2.5小时。但有些固体培养基导热性差，耐热性微生物又较多，灭菌时间或灭菌压力要有所增加，通常压力为196千帕，灭菌时间为4小时。

使用高压蒸汽灭菌时，应注意以下几点：

①必须排尽冷空气。冷空气的热膨胀系数大，若灭菌锅内留有冷空气，当密闭加热时，冷空气受热很快膨胀，使压力上升，造成灭菌锅内压力与温度不一致，产生假性蒸汽压，锅内温度低于蒸汽压表示的相应的温度，致使灭菌不彻底，特别是使用只装有压力表，没有温度表的灭菌锅时，尤应注意。

排除冷空气的方法，有缓慢排气和集中排气两种。缓慢排气法，即开始加热灭菌时便打开排气阀门，随着温度的逐渐上升，灭菌锅内的冷空气便被排出，当锅内温度上升到100℃，大量蒸汽从排气阀中排出时（可看到蓝色光带），即可关闭排气阀，进行升压灭菌。集中排气法，即在开始加热灭菌时，先关闭排气阀。当压力升到49千帕（0.5千克/厘米^2）时，打开排气阀，集中排出空气，让压力降到零。当有大量蒸汽排出时，再关闭排气阀，进行升压灭菌。固体培养基灭菌时，可采用集中排气法。液体培养基灭菌时，一般不宜采用这种方法，以免液体冲出瓶口。

②料袋必须排列疏松。灭菌锅内蒸汽是否畅通，关系到灭菌温度是否均一。灭菌材料若放得过多、过密，会妨碍蒸汽的流通，影响温度分布的均一，造成局部温度较低，甚至形成温度“死角”，达不到彻底灭菌，常常导致以后杂菌污染。因此，培养料袋必须疏松排列，使高压蒸汽畅流，灭菌温度均一。

高压灭菌，除了要掌握压力高低、保温保压的时间外，还要根据栽培袋的特点进行灭菌。如注意升压、减压的速度和培养袋的放置方法，以及防止棉塞受潮等。

(2) 常压灭菌　这是采用自然压力的蒸汽进行灭菌的方法。茶树菇培养基的灭菌，多采用常压高温的物理灭菌方法，来达到杀灭有害微生物的预期目的。灭菌工作的好坏，直接关系到培养基的质量和杂菌污染率。一些栽培者，在灭菌上麻痹大意，马虎从事，致使培养料酸变或灭菌不彻底，接种后杂菌污染严重，菌袋成批报废，损失严重。为此，灭菌操作应做好以下事项：

①及时进灶。培养料未灭菌前，存有大量微生物群。在干燥条件下，这些微生物处于休眠或半休眠状态。特别是老菇区，空间杂菌孢子甚多，当培养料调水后，酵母菌、细菌活性增强，加之配料处于气温较高季节，培养料营养丰富，装入袋内容易发热。如未及时转入灭菌，酵母菌、细菌加速繁殖，会将基质分解，导致酸败。因此，装料后要立即将其入灶灭菌。

②合理叠袋。培养料进灶后的叠袋方式，应采取一行接一行，自下而上地重叠排放，使上下袋形成直线；前后叠的中间要留空间，使气流自下而上地畅通，仓内蒸汽能均匀运行。有些栽培者采用“品”字形重叠，由于上袋压在下袋的缝隙间，气流受阻，蒸汽不能上下运行，会造成局部死角，使灭菌不彻底，因此灶内叠袋必须防止堵压缝隙。

如果是采用大型罩膜灭菌灶，一次容量为3 000袋。叠袋时，四面转角处横直交叉重叠，中间与内腹直线重叠，内面要留一定的空间，让气流正常运行。叠好袋后，罩紧薄膜，外加麻袋，然后用绳索缚扎于灶台的钢钩上，四周捆牢，上面压木板加石头，以防蒸汽把罩膜冲飞。

③控制温度。料袋进蒸仓后，立即上下旺火猛攻，使温度在5小时内迅速上升到100℃，这叫“上马温”（即从点火到100℃）。如果在5小时内温度不能达到100℃，就会使一些高温杂菌繁衍，使养分受到破坏，影响袋料质量。达到100℃后，要保持12～16小时，中途不要停火，不要掺冷水，不要降温，使

之持续灭菌，防止“大头、小尾、中间松”的现象。

大型罩膜灭菌灶，膜内上温较快，从点火至100℃不到2小时。但因容量大，所以上升到100℃后应保持20～22小时，也就是一昼夜左右，才能达到彻底灭菌之目的。

④认真观察。在灭菌过程中，工作人员要坚守岗位，随时观察温度和水位，检查是否漏气。砖砌水泥专用灭菌灶的蒸仓正面上方，设有温度观察口，应随时用棒形温度计插入口内，观察温度。如果温度不足，则应加大火力，确保持续不降温。锅台边安装有两个水位观察口，锅内有水，热水从口中流出；若从口中喷出蒸汽，表明锅内水已干，应及时补充热水，防止烧焦。

砖砌灭菌灶，由于蒸仓膛壁吸热，所以上温较慢，一般从点火上升到100℃需5小时。灭菌时应先排除蒸仓内的冷空气，让其从仓顶排气口排出，1～2小时后再把排气口堵塞，并用湿麻袋或泥土、石头压住；同时检查仓壁四周是否出现漏气，如有漏气应及时用湿棉塞塞住缝隙，杜绝漏气。尤其是采用木框蒸笼灭菌灶的，蒸汽往往从层间缝隙喷出，应及时堵塞，以免影响灭菌效果。

⑤卸袋搬运。袋料达到灭菌要求后，即转入卸袋工序。卸袋前，先把蒸仓门板螺丝旋松，把门扇稍向外拉，形成缝隙，让蒸汽徐徐逸出。如果一下打开门板，仓内热气喷出，外界冷气冲入，一些装料太松或薄膜质量差的料袋，突然受冷气冲击，往往膨胀成气球状，重者破裂，轻者冷却后皱纹密布，故需待仓内温度降至60℃以下时，方可趁热卸袋。卸袋时，应套上棉纱手套，以防被蒸汽烫伤。如发现袋头扎口松散或袋面出现裂痕，则应随手用纱线扎牢袋头，用胶布贴封裂口。卸下的袋子，要用板车或拖拉机运进冷却室内。车上要下铺麻袋，上盖薄膜，以防止刺破料袋和被雨水淋浇。

食用菌生产单位和专业户批量栽培茶薪菇，可采用设施较齐全的常压锅炉、常压灭菌柜灭菌。

灭菌操作的程序是：将菌袋（包）装载车推入灭菌柜，关闭两端柜门，以棉纱袋塞填柜门底缝隙，适量开启柜顶阀及两侧排气阀，开启门端侧进气阀，开启锅炉房内送气阀，高压蒸汽沿进气管喷射口喷出，柜内冷气由排气阀喷出，从进气至柜内温度升达 100℃，历时 4 小时。这样方可保证菌袋（包）中心料温也达到 100℃。继而调节进气阀并计时，使柜内温度保持 100～102℃，并持续 10～13 小时。然后，关闭锅炉房送气阀和柜端进气阀，调节灭菌柜两侧排气阀，待排气阀排出的气雾消失时，稍开两端柜门，让柜内余气逸尽，再大开靠近冷却间端柜门，用铁钩拉出菌袋（包）车，将料袋排放于冷却室，或直接送入接种室。菌袋（包）车之间，应留 30～50 厘米间隙，以利散热。菌袋（包）高压灭菌与常压灭菌的效果比较见表 5 所示。

表 5　菌袋高压灭菌与常压灭菌效果比较

效　果	高压灭菌	常压灭菌
灭菌容量	小	大
压力差	大	小
胀袋程度	大	小或无
培养料失水率	高	低
灭菌耗时	短	长
菌袋与料有无缝隙	有且大	近无
对培养料营养破坏性	大	小
对菌丝生长的影响	大	小
对不脱袋转色的难易	较易	较难
能耗	小	大

（五）菌袋无菌操作接种

灭菌后的培养袋，待温度缓缓下降至 60℃时，趁热卸袋出锅（起到巴氏灭菌作用，以杀死搬运过程中外界落在袋面的杂菌，保证袋面清洁），及时搬进冷却室内，让料袋散热冷却。搬

运热袋过程中，应小心轻放，避免料袋变形或被刺破。待袋内温度下降至 28℃时，方可转入接种工序。冷却时间，通常在料袋进房后需 24 小时，直到手摸料袋无热感。检测方法：用棒形温度计插入袋料中观察，如料温超过 28℃，则应继续冷却，直至达标。将灭菌后的料袋，搬入接种室或接种箱内，进行接种，有条件的可采用净化工作台接种。接种工作的好坏，直接关系到污染率的高低，因此要严格按照规范化的无菌操作方法进行。

1. 接种室（接种箱）消毒 消毒和灭菌是两个不同的概念。消毒是用物理或化学的方法杀灭部分微生物，使之不再危害食用菌的生长发育。灭菌是用物理、化学或生物的方法，将所有微生物全部杀死。培养基质及容器，必须进行彻底灭菌，而培养、接种的环境及器皿则只需消毒，但接种工具消毒要尽可能严格。尤其是接种针和镊子等接种工具，前端要彻底灭菌。根据我国农村的现有条件，采用接种箱接种，既经济又较安全。也可选用普通房间作接种室，要达到无菌条件，则必须进行清洗和干燥，使之严格消毒。接种箱（室）消毒的方法如下：

（1）*喷洒法* 在室内喷洒 1～2 次等量式 500 倍波尔多液和 1%的漂白粉溶液杀菌，然后再喷 1 次 0.5%的敌敌畏除虫。或用 5%石炭酸对墙壁、空间和地面喷雾 2 次，并密闭 1 小时后再启用。

（2）*熏蒸法* 按 15 米^2 的房间用 1 千克甲醛，盛入铝锅内，置于煤炉或电炉上煮沸，让甲醛气体蒸发消毒；或用甲醛 500 毫升加入 300 克高锰酸钾，混合于碗中，产生气体消毒。也可采用硫黄熏蒸法消毒。操作时，先将室内喷湿，然后在盆中点燃炭火，投入硫黄，熏蒸消毒 12～20 小时。

（3）*气雾法* 采用气雾消毒盒，每立方米用量为 4～6 克。每盒 50 克，15 米^2 的房间使用 2 盒。使用时，用火柴点燃，即喷出白色烟雾，密闭 30 分钟以上，可达灭菌的目的。

（4）*照射法* 每次接种前将各种器具移入室内，用紫外线灯照射消毒。一般每 40 米^3 的接种室，需用 2 支 30 瓦紫外线灯，照射 2 小时，才能达到消毒杀菌的要求。紫外线照射时，人员要离开室内，以防受伤。紫外线对杀灭细菌较可靠，对霉菌可靠性较差。

2. 菌种、料袋和工具的预处理 茶薪菇菌种的预处理，应事先拔掉棉塞，再用塑料薄膜包裹瓶口，然后搬入接种室（箱）内处理。由于菌种培育时间长达 40～50 天，其棉塞内常因培养料内水分蒸发浸湿或棉塞过松，杂菌侵入，棉塞下面常会滋生毛霉等杂菌。如果在接种室（箱）内处理菌种时拔出棉塞，必然把杂菌带进室（箱）内造成污染。因此应在室（箱）外拔塞，并换薄膜包口，然后再搬入接种室（箱）。这一环节，不少生产者往往还没觉察到。

经过上述处理后，再用接种锄伸入菌种瓶内，把表层老化菌膜挖出。如发现有白色扭结团的原基也要镊出，并用棉球蘸 75%酒精，擦净菌瓶内壁木屑等。然后，包好瓶口，再搬进接种室（箱）内，连同料袋及工具一起进行第二次消毒，即料袋进房（箱）后的再消毒。

3. 接种无菌操作技术规程 无菌接种操作是茶薪菇生产的重要技术环节，必须按如下操作技术规程进行。

（1）时间选择 选择晴天午夜或清晨接种，此时气温低，杂菌处于休眠状态，有利于提高菌袋接种的成品率。雨天空气相对湿度大，容易感染真菌，不宜进行接种。

（2）接种物入室 将灭菌后的塑料袋搬入无菌室或接种箱（帐）内后，连同菌种、接种工具、酒精灯一起，进行第二次消毒。先用气雾剂熏 30 分钟以上，接种前 40～60 分钟再用紫外线灯照射 30 分钟，达到无菌条件。工作人员穿戴工作服、帽和口罩及拖鞋。农家接种人员，要求洗净头发并晾干，更换干净衣服，方可入室。接种前双手用 75%酒精擦洗或戴乳胶手套。

（3）接种方法 现行接种方式有两种：一种是打开袋口扎

绳，把菌种接入袋内后，再扎口。另一种是在袋旁打接种穴，穴口直径 1.5 厘米，深 2 厘米，菌种接入穴内后，穴口用胶布或胶纸贴封。也有的采用 18 厘米宽的食品袋套入。这两种方式均可，具体操作方法如下：

①解口接种法。一是将袋口解开，搬到接种工作台上；二是手戴乳胶手套，将菌种掰约大拇指大一小块，迅速放进袋内培养基中央；三是接过菌种的袋子迅速扎好袋口或外套袋；四是将接种后的菌袋摆放堆架。

②打穴接种法。一是把料袋搬到接种工作室后，即用打孔器在袋肩或袋旁打一个接种穴；二是将菌种接入穴内，顺手按压菌种，使紧贴基料；三是用胶布封口，或外套袋；四是搬离菌袋摆叠。

（4）迅速敏捷　由于接种时要打穴口或解开袋口，使培养料暴露于空间，如果室内消毒不彻底，残留杂菌孢子容易趁机而入；同时，接种时间延长，室内温度升高，也容易引起感染。另外，若接种器具为金属制品，久用易灼热，菌种通过酒精灯火焰区时，如果动作缓慢，则容易烫伤。

（5）接种后通风　每一批料袋接种完后，必须打开门窗通风换气 30～40 分钟，然后关门窗，重新进行消毒，继续接种。有的菇农接种常在普通房间内用塑料薄膜四周罩住，密封性较强，但接种后如果不通风，由于室内人的体温，加上接种时打开穴口，使料内水分蒸发，形成高温、高湿，容易带来杂菌的积累，也容易造成污染。

（6）清理残留物　在接种过程中，菌种瓶的覆盖膜等废弃物，尤其是工作台及室内场地上的木屑等杂质，必须集中一角，不要乱扔。待每批料袋接种结束后，结合通风换气，进行 1 次清除，以保持场地清洁，杜绝杂菌的污染。

（7）强调岗位责任　接种人员要做好个人卫生，严格按照无菌操作规程进行接种。要安排好人手，落实岗位责任制。加强管理，认真检查，及时纠正，确保全过程按照技术规范要求进行操作。

（六）菌袋室内培养管理技术

茶薪菇菌丝在菌袋中蔓延生长的过程，称为养菌。菌种移接于料袋中，及时地萌发、吃料，是确保栽培成功的关键。培养室中，堆积的菌袋发菌，呼出大量的二氧化碳，并释放出热量。过量的二氧化碳和高温，极大地影响菌种萌发和生长。所以，必须加强发菌培养室的管理，着重防止高温和杂菌污染，尽力创造适宜的湿度和温度，保持空气新鲜，使菌丝快速萌发生长。其关键措施是掌握气温变化，控制通风换气的时间和次数。

1. 菌袋叠放排场

（1）培养室消毒　培养室周围无霉变腐烂物，清洁卫生，无白蚁、无螨虫，在使用前，房屋周围必须消毒灭菌。外围可喷洒低毒高效化学农药杀虫或撒石灰驱虫灭菌，屋内用甲醛和高锰酸钾熏蒸，使培养室无杂菌滋生。

（2）菌袋排放　把已接好种的菌袋，搬入培养室排场，进行发菌管理。菌袋排场方式有两种：一是直立排场，将菌袋坐地，紧靠排列，要求横行对齐，七八月份高温栽培时，可防止高温烧菌，但占地大，利用率低，极少采用。另一种排场方式是菌袋墙式堆叠。由于茶薪菇具有向光性，原基的形成、分化及子实体生长，都需要一定量的散射光。因此，菌袋堆叠时袋口方向和门窗方向要一致，袋口朝外。双排菌墙和单排菌墙都要堆叠成行。行与行之间，留一条小道，作为管理、采收的通道。要根据不同栽培季节的气温情况，采取相应的管理措施。春季出菇时，菌袋可摆放 10～12 层；秋季出菇时，因发菌正值盛夏炎热高温时期，菌袋内菌丝生长旺盛，故宜少摆几层，以 5～8 层为宜。

2. 灵活调节温度

(1) 茶薪菇菌丝生长温度　茶薪菇菌丝生长的温度范围在4～35℃，20～27℃菌丝生长旺盛，25～26℃生长速度达到峰值。高于或低于25～26℃，菌丝生长速度均下降，并具一定等高关系，如28℃时的生长速度等于20℃时的生长速度，29℃时的生长速度等于15℃时的生长速度，30℃时的生长速度等于10℃时的生长速度。

菌丝生长，有健壮生长和快速生长的区别。健壮生长的温度要比快速生长的温度低。健壮生长的菌丝，其生长速度较慢，但粗壮、菌丝密、出菇率高；快速生长的菌丝纤细，密度偏稀。栽培袋的菌丝，要求健壮生长。健壮生长的温度一般在17～23℃，快速生长的温度为24～28℃。低温培养，有利于控制杂菌的污染。

(2) 三种温度效应　茶薪菇发菌管理期间，必须密切注意气温、菌温和堆际温三种温度的相互效应。在高温季节，要避免极端高温危害，低温季节要利用三种温度效应，提高室温，促进发菌。气温是指室内外的自然温度，堆际温是指堆间、袋间的温度，菌温是指培养料内菌丝体生命活动所产生的温度。发菌过程中，由于菌丝不断增殖，新陈代谢渐旺，菌温亦随之升高，叠放越高、堆距越近、数量越多、通风程度越差，其堆际温越高。同时，气温越高，堆际温也随着升高。一般堆际温比室温高2～3℃。当菌丝长满袋的1/3时，菌丝生长旺盛，此时解开袋口，充足供氧，菌温要比堆温高2～3℃。当菌丝长满袋的一半时(35天左右)，出现第一个升温高峰，菌温升高，堆际温升高又促进菌温升高，此时菌温要比室温高4～6℃。当菌丝长满袋后10～15天，出现第二次菌温峰值。因此，发菌管理中必须时刻关注三个温度的相互关系，协调好三个温度的关系。在高温季节，疏散堆距，改变堆形，减少层次，加强通风换气，降低室温，预防烧菌，保证菌丝安全渡过高温期。在低温季节，可利用菌温和堆际温，并用薄膜覆盖保温发菌，促进菌丝生长。茶薪菇发菌培养的温度，应按照不同的生长阶段区别掌握。

(3) 不同发菌阶段的温度调控

①发菌初期（1～15天）。菌袋接种后，菌块经过2～3天就萌发，这时可明显见到1～2毫米长的菌毛。菌毛继续伸长就爬上培养料，称菌丝吃料。接着菌丝向四周辐射生长，菌丝封口，这段时间称萌发期，需15天左右。此阶段菌丝处于恢复和萌发阶段，其菌温一般比室温低1～2℃。此时室内温度宜掌握在27℃左右，这样能使袋内料温处于菌丝生长的最佳温度。如果冬天或早春气温低，可用薄膜覆盖菌袋，使堆温提高，来满足菌丝萌发的需求。

②发菌中期（15～40天）。菌袋菌丝封口后，菌丝向四周生长，在此阶段，菌丝生长量逐渐增加，呼吸增强，以纵向生长为主，分枝少，菌丝呈线状。当菌丝生长超过菌袋一半时，解开袋口，充足供氧，菌丝生长旺盛，呼吸加强，代谢活跃，自身产生热量，料温和二氧化碳浓度出现第一次高峰。此时如管理跟不上，易出现烧菌、缺氧现象，料温比室温高4～5℃。如出现烧菌现象，就只能见到绒状菌丝，无绒毛菌丝，培养料暴露。如缺氧，菌丝长得纤细，不浓白，色淡，培养料显露。遇此情况，必须加强通风换气和降温管理。

③发菌后期（40～60天）。菌丝生长超过一半，解带松口增氧后，菌丝旺盛生长，浓密而白，菌丝量急剧增大，呼吸强度旺盛，分解基质空前活跃，对培养料的分解和转化活性增强，菌丝体内营养积累增多。此阶段温度宜在23～24℃，应特别注意防止高温。如果室温达27℃，菌温就会超过30℃，堆温也就随之升高2～3℃，此时菌温可高达35℃，容易导致菌丝发黄变红，受到严重损伤，甚至发生“烧菌”，菌袋变软，培养料发臭。因此，必须注意疏袋散热，以控制堆温、降低菌温。

菌袋在适温20～27℃下，培养50～60天，接近成熟，应适

时割袋转色催蕾。割袋后氧气充足，升温非常快，往往堆温会上升 5～8℃，出现第二次菌温峰值，且比第一次更加剧烈。此时，抓好供氧、降温的管理和排除二氧化碳，对菇的生长发育有重要作用。否则菌丝变黄、退化，菌袋内培养料急剧失水，菌袋收缩，袋膜紧贴表面（称为负压现象）。这种情况，将影响日后菌丝的生长、菌皮的形成和转色及原基的形成。

3. 加强通风换气 培养室培养 10 天后，茶薪菇走菌 3～5 厘米，菌丝呼吸量加大，室内和菌袋内部会升高温度。这时，要经常打开门窗，通风换气，避免二氧化碳沉积。高温天气，利用早晚温度较低，降低室温至 24℃以下。低温天气，利用晴天中午开南窗，并注意保温管理。发菌 20～40 天，菌丝长到菌袋 1/3～1/2 时，菌丝旺盛生长，吃料迅速，室内二氧化碳浓度、温度急剧增加。此时，加大通风，将袋口扎线解开（不应过早松开较大口子，否则杂菌容易污染），以增加氧气进人及废气排出，促进茶薪菇菌丝顺利蔓延。若气温偏高、室内菌袋堆积较多，则应采用电风扇排风降温。严格控制室温升高的另一项措施是“疏袋散热”，是对付高温期的有效措施。

4. 注意防湿控光 菌袋培养阶段，菌丝在袋内生长所需的水分，不需由外界供给，而是靠培养基内现有的水分提供。为此要求场地干燥，空气相对湿度在 70%为好。如果场地潮湿，空气湿度高，会引起杂菌滋生，加快繁殖，带来菌袋污染。因此，培养室宜干不宜湿，要防止雨水淋浇菌袋和场地积水潮湿，特别是在菌袋培养期间，不论何种情况都不可喷水。

菌袋培养宜暗忌光，在黑暗的防空洞和地下室均可进行。如果光线强，菌袋内壁形成雾状水，并挂满水珠，表明基内水分蒸发，会使菌丝生长迟缓，后期菌袋脱水；而且菌袋受强光刺激，原基早现，菌丝老化，影响产量。因此，菌袋培养期间，门窗应挂窗纱或草帘遮光，但要注意通风，不能因避光把培养室遮盖得密不通风，造成空气不流动。

空气相对湿度是否适宜菌丝生长，可通过培养室安装的干湿球温度计来观察，以便适时进行调节。培养室空气相对湿度为70%时，适宜茶薪菇菌丝生长。如果空气相对湿度过大，可在晴天的中午，开窗换气，降低空气湿度；把少量生石灰撒在菌袋口部，可以阻止杂菌侵入培养料，降低空气相对湿度。大型生产菇场，可以开启除湿机，使空气湿度相对恒定。

5. 及时翻堆检查

（1）作用及操作　翻堆有两个作用：一是处理杂菌。在培养的前 4～7 天，对菌袋进行一次粗检，主要检查菌种是否萌发成活。10～15 天进行第 1 次翻堆，主要观察菌丝长势及污染情况，发现点滴绿霉污染，可用 75%酒精或 1%的多菌灵溶液进行注射，能够控制污染源的蔓延。对未萌发成活及菌丝生长不良的，应及时回锅处理。对污染严重，如红色链孢霉污染，应及时清除，以防传染给其他菌袋。以后每隔 10～15 天翻堆 1 次，观察菌丝生长状况，看是否需要开袋或刺孔透气及作其他处理（因直接扎口的菌袋，后期易缺氧而抑制菌丝生长）。观察菌丝生长是否将从营养生长阶段进入生殖生长阶段。二是调节菌袋位置，使之生长均衡。压在下面的菌袋，由于受到二氧化碳浓度较大的影响，生长较缓慢，应及时将下面的菌袋翻到上面，上面的菌袋调到下面，避免二氧化碳对下面菌丝长期刺激，有利于恢复下面菌丝的生长。如此反复翻堆，可平衡上面和下面菌袋中菌丝的生长。整个菌期需翻堆 3～4 次。温度适宜，一般 50～60 天菌丝可长透。

（2）对杂菌污染的处理　在翻堆检查中，对杂菌的处理方法如下：

①轻度污染。只是菌袋扎头或皱褶处出现星点或丝状的杂菌小菌落，没有蔓延的，可用注射针筒吸入 36%的甲醛溶液或氨水，或 75%酒精 50 毫升，配加 36%甲醛 30 毫升的混合液，注射受害处，并用手指轻轻按摩表面，使药液渗透杂菌体内，然后

用胶布贴封注射。

②穴口污染。杂菌侵入接种口，而茶薪菇菌丝还处在生长状态，不受多大影响的菌袋，可用5%～10%石灰水上清液或50%多菌灵溶液点涂患处，但要防止涂到茶薪菇菌丝。两种药不宜同时使用，因前者是碱性，后者为酸性，同时使用会引起中和反应，失去药效。如发现有死菌的，应在无菌条件下重新接种。

③严重污染。菌袋基料遍布花斑点或接种口杂菌占多数，无可救药的，应采取破袋取料，拌3%石灰溶液闷堆一夜，摊开晒干，重新配料，装袋灭菌，再接种培养。如发现链孢霉污染，应及时用塑料薄膜袋套住，然后连袋烧毁，避免孢子传播，造成环境污染。

6. 定期灭菌杀虫 茶薪菇发菌培养期间，栽培场所要保持清洁卫生，四周要认真清除垃圾、杂草及被污染的废物，减少污染源。培养室在使用前要洗净，并用甲醛或硫黄密闭熏蒸24小时。不能密闭的培养室或培养场所，可定期用2%甲醛、0.1%甲基托布津、5%石炭酸、5%～20%石灰水等杀菌剂，喷洒地面及空间，喷时雾滴宜细，分布均匀，喷后要加强通风。也可以在地面直接撒施石灰粉，或石灰粉与漂白粉混合的粉剂。使用的药剂要几种轮流调换，防止长期单纯使用一种药剂，以避免病菌产生抗药性，提高防治效果。尤其扎线解开前一天，对培养室要进行消毒灭菌。进行时，可按每立方米空间用17毫升甲醛与高锰酸钾熏蒸，并用5毫升敌敌畏或除虫菊酯杀虫，灭菌与杀虫以相隔2天进行为好，以减少杂菌和害虫发生。

由于茶薪菇菌株、室温、料温、菌袋大小、接种方法和管理水平等的不同，发菌期的长短也不同。从接种到生理成熟少则50～60天，一般60～70天，长的70～90天。凡是有效积温高的季节（日平均气温在20～26℃），菌袋培养时间就短，50～60天可出菇；有效积温中等季节（日平均气温15～20℃），菌袋培养经 60～70 天出菇；有效积温偏低的季节（日平均气温为7.5～15℃），菌袋培养需 70～100 天才能出菇。

茶薪菇菌丝经过 60～80 天发菌，菌袋表面全部转色，培养料的颜色进一步变淡，菌丝体累积了大量糖元、菌糖和蛋白质，培养料含水量达 70%以上，用手捏菌袋以感到柔软、有弹性为宜，这是生理成熟的重要表现。达到这个要求，就能为出菇打下良好的基础。

（七）原基发生阶段管理技术

茶薪菇原基发生阶段管理技术即催蕾技术，主要要掌握以下六个方面：

1. 菌丝转色特征 茶薪菇菌袋开口后，菌丝体在一定的湿度、光线、氧气刺激下，菌丝表面出现点点细水珠，并分泌色素，使菌袋表面菌丝发生褐变，袋口周围表面的菌丝，形成一层很薄的菌膜。它对保护袋内菌丝生长，使原基形成不受光照抑制的危害，防止菌袋水分蒸发，提高对不良环境的抵御能力和抗震动能力，保护菌袋不受杂菌污染，促使原基顺利形成，都起着非常重要的作用。没有菌皮，菌袋就会失去调温、保湿的作用。茶薪菇菌丝转色，在初始表面仅现黄褐色或浅棕褐色的斑点。它不像香菇转色一样，形成一层树皮状的菌被。茶薪菇第一潮菇长出时，菌丝仍然是浓白，只有局部出现褐色斑点。采完一二潮菇后，表面出现一层褐色菌圈，正常的菌袋菌丝是白色。随着采菇潮数增加或受害虫侵袭，2～3 个月之后基质有所变硬，部分出现棕褐色花斑。虫害为害严重的菌筒，全部变为棕褐色。

2. 控温配合变温 开口后 1～3 天，保持室内温度 20～25℃，空气相对湿度 80%～85%。如果温度超过 25℃，可用电扇和排风扇降温，或疏袋散热。每天打开门窗通风换气 30 分钟。茶薪菇属不严格的变温结实性菇类，没有昼夜温差刺激也能正常出菇。但温差刺激，有利于菌丝从营养生长转为生殖生长，促进菇蕾的形成。因此拉大温差，配合调控干、湿度，是茶薪菇栽培中的有效催蕾措施。人为变温可采取白天关闭菇房门窗，夜间10时后打开窗户，使日夜温差拉大到8～10℃，直到菌袋表面出现白色粒状物，说明已经诱发原基，并将分化成菇蕾。

3. 制造阶段性湿差 菌袋开口后第1次喷雾化水于空间和袋面，在袋内薄膜旁呈现一圈水分，以不覆盖菌丝体为适。因为开口后菌丝代谢加快，吸水性强，很快被吸收，然后加强通风，使表面菌丝成稍干状况，连续3～4天干湿差刺激后，菌丝体相互交织，扭结成原基，进而分化成菇蕾。应注意的是开口后，每天保持喷水1次，空气相对湿度不低于85%，防止袋内表层菌丝体失水而干枯。菌膜无法形成，原基也就不出现。随着原基分化需要，以后每天喷水2～3次，空气相对湿度保持在90%～95%。

4. 更新菇房空气 催蕾阶段菌丝体呼吸旺盛，二氧化碳排出量增加，此时必须加强通风换气。同时，注意保持菇棚内较高的空气相对湿度，使水、气、温都能满足菇蕾分化生长的需要。气温高时，早、晚通风，并在窗上挂遮阳网或草帘；气温低时白天开南窗，晚上关窗，减少菇房的通风量。如遇阴雨天气，南、北窗均应全部打开，增加房棚内的氧气和提高空气相对湿度。

5. 间隙光照刺激 菌丝遇到光照，就会相互交织，扭结成白色粒状原基。因此开袋后适度引进光线刺激，是一种催蕾措施。操作时野外菇棚可揭开棚顶的遮阳物，室内菇房打开门窗，让散射光线透进房棚内。处理3～5天后，菌袋表面出现白色晶粒，并伴随水珠出现，再过3～4天菌袋面上会出现密集的原基。催蕾期引进散射光为150勒克斯，以在棚房内能阅读报纸即可。如果光线过强或直接照射到菌丝体，而保湿工作没跟上时，会造成菌丝干燥，表层不结膜，原基不能形成。

6. 异常现象排除 在催蕾阶段，由于菌袋接种偏晚，或气候条件的限制，或管理上的失误，以及品种差异等原因，造成菇蕾发生不正常。有的原基形成后不分化菇蕾，或因气温偏高，光照太强，空气过于干燥，原基枯萎或消失。因此，原基形成前，如果气温偏高，昼夜温差也小，就不要急于人为拉大温差。否则，即使形成原基，最终也会消失，无效地消耗大量营养，影响以后的产量。若遇此情况，应耐心等待时机，密切关注天气预报。当日平均温度降至16℃左右时，立即采用各种刺激办法，进一步拉大昼夜温差和干、湿差，保持3～5天后，原基即可形成。在气温回升时，要充分利用夜间的低温，并在菇房内壁和地面上泼浇井水，控制温度在20℃以下，保持空气新鲜。这样就可以顺利形成原基，并分化为菇蕾。

（八）子实体生长阶段管理技术

茶薪菇子实体生长阶段管理重点是人为控制温度、湿度、空气、光照，以满足其生长发育的要求，达到高产优质。具体掌握以下五点：

1. 严格控制温度 子实体发育的温度范围视品种温型而定，常用的中高温型的菌株为10～30℃，其中在20～25℃温区子实体发育最好。气温低于8℃时，子实体无法形成；10～15℃时长速慢，菇肉厚，品质优，但产量低；25～28℃时，发育快，出菇快，菇肉薄，质量差；温度超过30℃时，原基难以形成菇蕾，易死菇烂袋。因此，在子实体生长发育期，应掌握好“两个温标”。

（1）最适温标 长菇期最适温度20～25℃。当袋内形成似油菜籽大小的原基，并发育到火柴梗一样的幼菇时，给予22～25℃使其发育稍快；1～2天后温度宜控制在20～23℃，使其生长速度适中，菌盖肥厚，菌柄中粗；12～15天可调高2℃，促使发育健壮，形成优质菇。

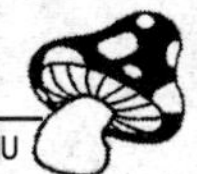

（2）极限温标　长菇期温度最低不能低于8℃，若遇冬季连续几天0℃以下低温情况，子实体易受冻害，应做好加温防冻。春季北方日光温室最高不超过25℃，遇超温时，菇棚上方遮阴，加强通风排湿，夜间还要防止与白天的温差过大，以免影响子实体正常生长。

2. 注意湿度极限　茶薪菇出菇阶段要求空气相对湿度为90%～95%。出菇时子实体一方面从基质中吸收大量的水分，一方面从空气中吸收水分，以维持正常生长发育要求。因此，长菇期以保湿增湿为主。如菌袋失水过多，则应采取喷水、注射或浸水等方式给菌袋补水。在管理上注意控制“两个极限”指标。

（1）空气相对湿度不低于75%　湿度偏低，菌盖表面粗糙，长时间干燥时，菌盖表面易裂。为此长菇期每天要喷水1～2次。气候干燥，菇棚内摆袋量大，水分需求量增加，每天要喷水2～3次，以达到菇棚内湿润环境。

（2）空气相对湿度不超过95%　目前大多数是在菇棚内建水池，用压力水泵喷头喷水。喷水量较大，容易造成湿度超标，加上喷水后没大量通风，棚内缺氧，易造成子实体霉烂。因此，要注意控制喷水量，同时加大通风量，使空气对流形成良好湿润环境，子实体发育正常。

3. 保持空气新鲜　茶薪菇属好气性真菌，菌丝恢复生长和子实体发育阶段新陈代谢，需要吸收充足的氧气，并呼出二氧化碳。当空气中的二氧化碳浓度过大时，就会抑制原基的分化和子实体的发育。但在生产上，也可利用这一特性，像栽培金针菇那样，获得菌柄粗长的产品。为此，在通风方面要求掌握好以下两点：

（1）掌握通风时间　通风可使菇房内的空气状态接近外界空气，同时开动房内排气扇，使有害气体排出房外。秋末长菇期气温高时，采取早、晚或夜间通风；冬季和早春气温低，宜在中午通风，使菇棚内保持空气新鲜。长菇阶段菇房内二氧化碳浓度最高不得超过0.1%。

(2) 通风保温两兼顾　冬季气温低，通风后外界冷空气进入，降低了房内温、湿度，为此两者形成矛盾。长菇期菇房温度要求不低于8℃，调节的办法：在低温季节通风要在中午进行，早、晚气温低不宜通风。同时，通风还得与保温协调好，防止顾此失彼。日光温室菇房两侧塑料膜要经常掀起，后墙通风窗口要常开，使棚房内空气正常。

4. 合理调节光照　在原基分化子实体生长时，最适合的光照强度为300～500勒克斯，以棚内能阅读报纸为适。光照不足时生长慢，菇体薄，色泽深；但光照太强，长菇慢，菌盖干亮，产量少。调节光源主要是菇棚通风窗打开，让光线透进，上方用遮阳物调节稀疏透光。

5. 配合多项刺激　采用温差、干湿、光暗和振动等刺激，是菌丝生长转向原基分化、形成菇蕾的重要条件。可用冷水刺激和振动刺激出菇。冷水处理不是菌袋补水，而是利用低水温刺激菌袋。覆土、搬运菌袋或拍击菌袋，这些带有振动性的操作可对菌丝体起到机械刺激的效果。

（九）覆土出菇技术

随着栽培范围不断扩大，茶薪菇栽培技术也在不断改进。各地已探索出许多新的栽培方式和栽培模式。其中覆土栽培，是茶薪菇栽培方式改进较为成功的模式。

1. 覆土栽培的优点　覆土栽培，省工、省本，管理方便。菌丝长满袋后，割袋或脱袋埋入土中，保湿性能好，可省去采菇后补水（注水、浸水）的繁琐工艺，且产量明显提高，质量好。

(1) 有利于促进茶薪菇的生长发育　覆土栽培，覆土层本身含有丰富的腐殖质和氮、磷、钾，还有钙、硫、镁、铁、硼、铜、锌等矿质元素，以及多种维生素，可作为一种辅助性基质，

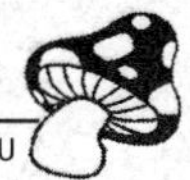

为茶薪菇生长发育提供所需的碳素营养、氮素营养、矿质营养和多种酶类的辅助因素或活化剂。此外，还可提供多种有益的微生物，有利于促进茶薪菇的生长发育。

（2）*可为茶薪菇创造一个良好的生长条件* 覆土后，培养料之间的水分、空气等，处在相对协调的状态，同时形成了一个培养料与覆土层之间的营养差，即培养料的营养成分高于覆土层，有利于菌丝体对覆土层营养成分的吸收和运输，促进子实体发育。覆土还有防寒保温作用，使菌袋温度平稳。此外，覆土层本身又具有重力，对菌丝体起机械刺激作用，有利于原基的分化和子实体的形成。

（3）*有利于茶薪菇出菇后劲的增强* 代料栽培没有覆土的，往往是出菇前期营养丰富，水分充足，产量高，中后期则由于营养、水分逐渐减少而产量降低。而覆土栽培由于改善了生态条件，补充了营养和水分，出菇后劲足。所以，前、中、后期出菇数量较为均衡。

（4）*有利于抵制杂菌的发生和繁殖* 一些常见的杂菌，如毛霉、曲霉、根霉、木霉和脉孢霉等，其发生和繁殖的共同特点是好气、好高温和好酸性的环境，通常发生在与空气接触多的培养料表面。覆土之后，隔离了菌袋与大气的直接接触，既可减少菌袋水分散失，又可抑制杂菌污染。覆土中含有一定的矿质元素，可提高覆土层的酸碱度。如果在覆土层添加一定量的石灰，则碱性更大，更有利于抑制杂菌的发生和繁殖。

2. 覆土栽培的方式 覆土对茶薪菇子实体的生长发育有很重要的作用，也是夺取茶薪菇高产的重要措施之一。分墙式覆土栽培和畦（坑）式覆土栽培两种方式（图 14）。

（1）*墙式覆土栽培* 分为依靠土墙单层墙式覆土、单层墙式覆土和双层墙式覆土等。

一是覆土前的准备：

①栽培场地选择。根据条件，选择闲置仓库、空闲房屋、大

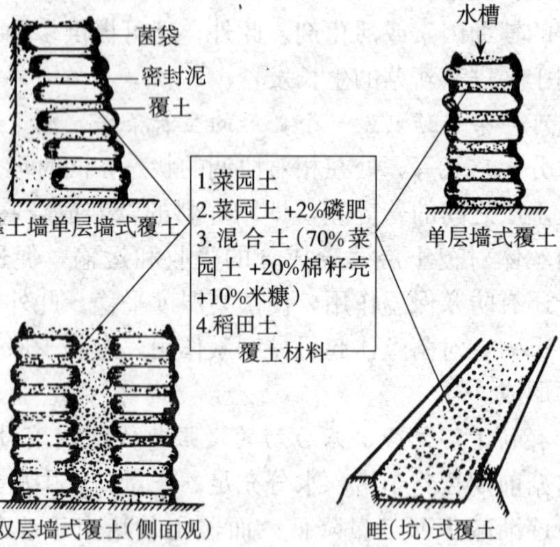

菌袋
密封泥
覆土
依靠土墙单层墙式覆土
水槽
单层墙式覆土
1.菜园土
2.菜园土 +2%磷肥
3.混合土（70%菜园土 +20%棉籽壳 +10%米糠）
4.稻田土
覆土材料
双层墙式覆土（侧面观）
畦（坑）式覆土

图 14　覆土方式

中小棚及日光温室等各种保护设施，作栽培茶薪菇的场地。尤其是利用温室（棚）栽培茶薪菇，具有保温好、管理方便、出菇快、生育期长、产量高等特点，其效益更为理想。

②覆土的准备。由于覆土需要量大，且质量要求较高，因此应及时加工好，贮藏备用。覆土应营养丰富全面，颗粒性状良好，吸水、保水性强，其 pH 以 6.5～7 为适宜。通常覆土材料有：肥土（菜园土）、营养土（棉籽壳发酵料土）、稻壳土、炭泥混合土和常规粗、细土。

肥土：挖取土表 10 厘米深处的富含腐殖质的菜田肥土和林荫地土。因表层土壤含杂菌多，不宜做覆土用，故应去掉表层土。然后将取土打碎，捡去石块并过筛，再放在干净水泥地或砖地暴晒 1 天。接着在其中加入 1%～2%的石灰粉、2%磷肥拌和，将 0.1%的复合肥溶于水。为防止泥中带有杂菌和害虫，可在水中加入菇虫光药液 0.3～0.5 千克，边洒水、边搅拌，然后

把土堆成堆，用塑料薄膜覆盖堆闷4～5天，消灭土中病虫害。

混合营养土（棉籽壳发酵料土）：棉籽壳发酵土疏松通气，持水量大，比其他各种土壤的保水性好。棉籽壳发酵料土中所含的大量水分，可以供茶薪菇子实体发育之用，棉籽壳在发酵过程中所熟化的纤维素和木质素，以及所贮存的复合肥等，可以供给茶薪菇生长的营养，增加茶薪菇的产量。棉籽壳发酵料，按干料计算，加入10%麦麸或米糠、1%～2%的新鲜石灰、2%过磷酸钙，加入稀释0.1%～0.2%多菌灵、0.1%复合肥，拌好后堆成宽1米、高0.5米的梯形堆，长度不限，表面稍压平并覆盖塑料薄膜。待温度自然上升到65℃后，保持24小时，然后进行第一次翻堆。翻堆时，要将表层及边缘的料翻到中间，中间的料要翻到表面。要用木棒在料堆上打几个洞以利于通气。然后稍压平，插入温度计，覆膜，再升温到65℃。如此进行3次。发酵后，棉籽壳和土壤按1∶8～10比例混合，充分拌和，使之无泥块，含水量达50%左右。

稻壳土：稻壳用5%的石灰水浸泡24小时，捞起沥干，以不滴水为宜。取本地泥土（去掉表土）捣碎或从河中捞河泥摊于水泥地或砖地上沥干，然后按1∶10～15比例，将稻壳和泥土混合，并视泥土的干湿状况，边拌边加入少量水，其含水量以手能捏成团，落地即散为宜。为防止泥土中带有杂菌和害虫，可撒入一定量的石灰拌入稻壳土中，然后堆成堆，用薄膜覆盖，闷一夜。

炭泥混合土：将地下深层无杂菌和害虫的泥炭土与本地土（表土不用），按1∶1～2的比例混合制成。炭泥要混合均匀，并在混合时加入占炭泥总量1.5%～2%的石灰粉和磷肥拌匀，再加入0.1%的复合肥水溶液，湿以手能捏成团，落地散得开为宜。然后堆积保湿备用。这种覆土结构疏松，吸水性强，持水量大，通气性能好。

常规粗、细土：粗土要选择毛细孔多、团粒结构好的沙质壤土，一般取表土以下16.5厘米的深层土（表土除去不用），碎成土粒晒干。粗土颗粒直径为2～2.5厘米，每千克为56～60粒，每平方米的覆土用量为23～27千克。细土以选用稍带黏性的土壤为好，喷水后不易松散和板结，水容易渗透到粗土上。一般选用水稻田土（表土不用），碎成土粒晒干。细土粒为黄豆大小，每平方米床面覆土用量为18千克左右。覆土前，把粗土、细土分别放在干净的水泥地或砖地上晒1天，然后再用1.5%～2%的石灰粉，再加0.1%的复合肥水溶液将粗土、细土分别拌匀堆成堆，用塑料薄膜覆盖后闷24小时。

墙式覆土栽培中，由于双层墙式覆土占地面积少，较为实用经济，因此被普遍采用。

菌墙底先垫一层2厘米左右的细沙，或透水性较好的沙土。将发好菌的生理成熟、吐黄水的菌袋，沿袋口培养基表面剪平，并用小刀片在塑料袋侧面割3～4道5～7厘米长的小口子；菌袋底部割掉薄膜，以利于菌袋在菌墙中吸收湿气和营养，排除菌袋多余的积水及空气。再将割了口的菌袋顺着门窗方向，卧摆成间距20～30厘米的两排，中间填充经过处理的肥土、营养土，或稻壳土。摆好一层菌袋，覆盖一层1～2厘米厚的土，再摆第二层菌袋，再填覆土。如此摆放10～12层。两头开口的菌袋袋底一端向菌墙内，袋口一端朝菌墙外。在最上层，覆盖10～12厘米厚的土，做成槽，并在双排菌墙之间填土处，打3～5个0.3～0.5米深的洞，以便于在出菇期灌水。在搬移菌袋和割袋时，应轻拿轻放，切勿抛摔，以免损伤茶薪菇原基。按照此法，可再做第二道、第三道菌墙，直至全部完成。在菌墙与菌墙之间要留50～80厘米宽的人行道，以便于进行管理操作。

二是墙式覆土方法：已出菇2～3潮的茶薪菇菌袋，先将菌袋全部脱掉，再排成两列，使已经出菇的一端相对，间隔20～30厘米，袋底口的一端朝外，两袋间距2～3厘米，中间用土填充。每层菌袋上覆土3厘米厚，并喷水使覆土吸足水分。如此依

次排放菌袋，可排9～10层。最上层覆盖10厘米左右厚的土，并做成槽，即成一道菌墙。覆土后管理工作的重点是保持覆土层的水分，促进菌丝长入覆土层内，并调节菇房内温度，使之保持在16～23℃。

覆肥土：先将肥土预湿，在2～3天内调足水分，以土粒不会黏结成团为宜。覆土后的调水标准是，一般第1天每100千克覆土调水3～5升，第2天为每100千克覆土调水4～8升，第3天为每100千克覆土调水4～6升。调水采取轻喷勤灌的方法实施，不可一次灌水太多，防止水分流入料内，伤害菌丝。

覆混合营养土（棉籽壳发酵料土）：棉籽壳发酵料土覆盖后的调水，要求在1～2天内进行。调水应掌握少量多次的原则，分3～5次将覆土层调节到适宜的湿度。每100千克覆土的总用水量为6～8升。调水应仔细地进行，灌灌停停、停停灌灌，以水湿透菌墙为准。

覆稻壳土：覆土后第2天开始调水，每次调水量以每100千克覆土调水1～2升为宜，连续进行4～5天。然后，关窗保湿，以吊菌为主，可适量进行小通风。

覆炭泥混合土（或泥炭土）：炭泥混合土用的是湿土，覆土后一般不需调水。如覆土偏干，可轻灌少量水，保持覆土呈湿润状态。覆土调水后，茶薪菇菌丝深入覆土之中，长好发足，粗壮有力，吸收水分及养分，促进子实体形成和生长。因此，这一时期还要根据天气是晴热干燥还是阴雨湿润的情况、水分蒸发量的大小、土质吸水的快慢，以及培养料的干湿程度适当调水。如果培养料湿度正常，不应该让过多的水流到料里，以免其变质发黑，产生隔层。如果培养料偏干，要仔细把覆土调湿些。当菌袋口原基形成，覆土内菌丝爬上土表，即可喷结菇水。其具体方法如下：先用轻水引菇，每次每100千克覆土用水1～2升，1天喷灌两次，连续喷灌3天。菇房内要喷雾增大湿度，并适当打开门窗通风换气。当菌墙出现大量鱼子般的菇蕾时，要喷灌结菇水，分3～4天喷完。第1天为每100千克覆土用水2～3升，分2～3次喷灌。第2天和第3天，为每100千克覆土用水3～4升，分3次喷灌。第4天后不再喷灌，但要掌握菇房湿度。待要采菇时，再喷灌出菇水，用量为每100千克覆土喷灌4～5升，分2～3天喷灌完。如果菌墙比较潮湿，可以适当减少喷水量。

出菇管理：茶薪菇在出菇阶段所需的水分，来源于培养料、覆土层和空气。茶薪菇菌墙覆土栽培，菌袋外侧出菇，而内侧菌丝则伸入土中吸收水分和营养物质。覆土栽培的水分管理，其重点是对覆土层喷灌水和调节菇房内的空气湿度。喷水时应掌握菇多时多喷灌，菇少时少喷灌，前期多喷灌，后期少喷灌的原则，以保持覆土层松软潮湿，菇房内空气相对湿度在90%～95%。每天在地面和走道的上空，以及四周墙壁，喷雾浇水2～3次。阴雨潮湿天气要多通风，以增加空气温度。每潮菇出菇高峰过后，要降低菇房的空气相对湿度，对地面和空间要少喷水或不喷水。此外，还应结合当时当地的气候条件和菇房的保湿性能等，灵活掌握。茶薪菇出菇2～3潮后，培养料中的大量营养物质被吸收利用。因此，第四批菇会出现衰弱现象，菇量减少，而且所出的菇小，单生，不成丛。此时，应合理追肥，增加覆土层的养分，促进菌丝的生长和子实体的发育，使菌丝体继续保持产菇能力。进行覆土栽培，可持续采收4～6潮菇，较其他栽培方式，其生育期要长2个月左右。

在茶薪菇出菇期常用的追肥有：①0.2%～0.3%的尿素液；②1%～2%葡萄糖（或红糖、白糖）液，或0.1%～0.2%尿素加1%葡萄糖复合液；③2%的生豆浆水；④0.5～1毫克/千克的三十烷醇稀释液。

追肥可结合喷灌出菇水进行。在茶薪菇要采收时，不要追肥。当气温高于27℃时，不宜喷灌糖液和生豆浆，以免感染杂菌。追肥的浓度和用量必须适当，浓度过大或用量过多，都不利于茶薪菇生长。

（2）坑（畦）式覆土栽培

建好菇床：栽培场地要选择保水性能好、土地肥沃、排灌水方便的平地或稻田，挖成宽80～100厘米、深25～30厘米，长度不限的南北方向菇床，菇床间距为50～60厘米，四周及床底要拍实，并分别喷以5%石炭酸或施撒一定量的石灰粉进行消毒和杀虫。菇床面要支上竹弓，并覆以薄膜。整个场地，要用竹木搭成棚架。在冬季，棚架顶面不盖遮阳物，以提高棚内温度；春分过后，棚顶加盖遮阳物，以二分阳八分阴的遮阴度为宜。

脱袋覆土：当菌丝长满袋后即可脱袋。脱袋不必一定要转色，但也可将转色吐黄水、生理成熟的菌袋脱袋。将脱袋后的茶薪菇菌丝料体，竖直并排放入菇床的畦坑中，用肥土或其他覆土填实，并覆土3～4厘米厚。若用常规粗、细土覆土，则先覆中土（大小介于粗细土之向），再覆一层3～3.5厘米厚的粗土。土粒要铺平排紧，不要重叠。待菌丝吃土后，用细土填补菌丝料体之间空隙。覆第1次细土（一般在覆土后10～15天）的多少，以看不见粗土为度。过8～12天，再薄薄覆一层半干半湿的细土，厚度为1～2厘米。所覆细土，为肥土、混合营养土、稻壳土和炭泥混合土而成。覆土时，先用土填实菌丝料体间的空隙，再将土一次性均匀地撒在料面上，厚为3～3.5厘米。也可分2次覆土，即先均匀地覆盖一层，厚为2～2.5厘米，过10～20天后，再覆盖一层，厚约1厘米。

3. 覆土后的管理

（1）常规粗、细土覆土　①覆粗土后1～2天开始调水，连续调水3天，每100千克覆土用水量为15～20升。第1天每100千克覆土的喷水量为4～5升，第2天为5～7升，第3天把水喷完。喷水要分次进行，每次的喷水量不能太多。粗土含水量为20%左右，能用手捏扁而不粘手。调水期间，菇房要打开门窗通风换气。②覆细土后，第2天开始调水，调水原则为先少后多，先干后湿。每天喷水1次，每次每100千克覆土的喷水量为1～

1.5升，2～3天调好细土水分，使覆土含水量为16%左右。调水期间，要经常通风换气，促进菌丝扭结形成原基。③当覆土层开始出现黄水时，要禁止喷水2～3天，并打开门窗，加强通风换气，促进原基形成。待土层内幼蕾形成时，及时喷出菇水。

（2）肥土坑（畦）式覆土　用肥土、混合营养土等进行的坑（畦）式覆土，其具体管理的方法，与菌墙覆土管理的方法相同。

（3）出菇管理　茶薪菇菌蕾形成后，要及时喷出菇水，分2～4天喷入，每100千克覆土喷4升左右水，达到细土能捏得扁、搓得圆为度。喷出菇水后，要逐渐减少通风，以增加室内空气的相对湿度，使之保持在90%～95%，利于子实体生长正常，达优质高产的栽培目的。

六、茶薪菇病虫害无公害防治

（一）杂菌种类与防治

在茶薪菇菌种、菌袋的培养过程中，人们常见到瓶、袋口的棉塞交界处、棉塞的底部、培养基面上，甚至培养基的底部，有各种颜色的斑块，这就是被污染了的杂菌，较普遍的是细菌、放线菌、酵母菌和霉菌四大类。

1. 细菌 细菌可感染茶薪菇栽培中的各种培养基，在培养基上形成菌落。

（1）症状 细菌感染培养基后，每个细菌细胞都可在培养基上形成一个菌落。菌落形态各式各样。有的呈圆形突起小菌落，不扩展；有的迅速扩展；有的菌落表面光滑，有的粗糙，有的皱褶；有的乳白色、淡黄色、粉红色、暗灰色，有的产生色素，使培养基变色。细菌菌落不产生绒毛状菌丝体。另外，酵母菌菌落形态呈黏液状，不产生菌丝体，与细菌菌落不容易区别。

（2）传播途径 空气传播，接种工具灭菌不彻底、培养料带菌、接种和培养过程中落入细菌。

（3）防治方法 母种培养基要彻底灭菌，杀死所有杂菌；压力灭菌要排净冷空气，保证灭菌时间；原种、栽培种培养料和熟料栽培的培养料，采用压力蒸汽灭菌 1.5～2 小时，常压灭菌上汽后，应维持 8～12 小时以上。

按种工具要彻底灭菌，接种工具可用牛皮纸和聚丙烯袋包裹，随培养基一块灭菌；或是用火焰灼烧灭菌，要求接种钩（铲）进入试管、瓶口和袋口部分都要彻底灼烧，杀死所有杂菌。

接种室要保持清洁，严格消毒。每天用拖布擦洗接种室水泥地面，用来苏儿1%～2%溶液喷雾消毒；接种箱用甲醛 10 毫升加高锰酸钾 5 克熏蒸消毒 30 分钟以上，最好过夜。

严格无菌操作，尽量避免杂菌污染；接种人员应严格按无菌操作要求进行接种。接种后应经常认真观察菌丝生长情况，及时挑出被杂菌污染的管、瓶、袋，并进行处理。

原种、栽培种和栽培用培养料要严格按配方配料，严防水分过多，造成细菌发生。

2. 放线菌 放线菌是一类单细胞有分支的丝状微生物，引起茶薪菇基质变质常见的放线菌有：白色链霉菌（*Streptomyces albus*）、湿链霉菌（*S. humidus*）、链霉菌（*S.* sp.）、诺卡氏菌（*Nocardia* sp.）。防治方法：同细菌。

3. 酵母菌 酵母菌是单细胞微生物，多为圆形。酵母菌的形态，常因培养时间、营养状况等条件而有变化。在茶薪菇菌种生产过程中，常见引起麦粒菌种变质的酵母，属于产生类胡萝卜素的类群，如红酵母（*Rhodctorula rubra*）、橙色红酵母（*R. aurantica*）、黑酵母（*Aurebasidium pulluleans*）。有时还有酵母属（*Saccharomyces*）和假丝酵母（*Gandida*）的一些种类。防治方法：同细菌。

4. 霉菌 霉菌是茶薪菇栽培过程中最主要的污染源。霉菌的菌丝呈丝状，可以无限地伸长和产生分枝，分枝的菌丝相互交集在一起，形成菌丝体。在琼脂培养基上，霉菌的菌落呈棉絮状或绒毛状，铺展较大，其表面性状和后期产生孢子后的颜色因霉菌的种类而异。在进行液体静止培养时，霉菌的菌丝一般都浮在表面生长。

在茶薪菇生产中常见造成污染为害的霉菌主要有青霉

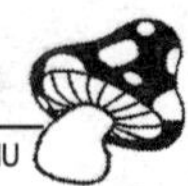

(*Penicillium*)、木霉（*Trichoderma*）、曲霉（*Aspergillus*）、毛霉（*Mucor*）、根霉（*Rhizopus*）、链孢霉（*Neurospora*）以及交链孢霉（*Alternaria*）等属中的某些种。

(1) 木霉　常见的有绿色木霉（*T. viride*）、康式木霉（*T. koningii*）等，木霉菌在生产中也称绿霉菌。为害各种食用菌，亦是茶薪菇生产的主要有害菌，可导致制种失败和栽培减产，甚至绝产。

症状：菌丝白色，纤细，宽度为1.5～2.4微米。产生分生孢子。木霉有一种高度活性的纤维素酶，对纤维素的分解能力很强，在木质素、纤维素丰富的基质上生长快，传播蔓延迅速。棉籽壳、木屑、段木都是其良好的营养物。绿色木霉适应性很强，在菌种生产和栽培中普遍发生。

在食用菌的栽培中，木霉侵染培养料后，在茶薪菇菌丝体与木霉菌丝体交汇处出现一条深褐色拮抗线，如不采取措施防治，木霉菌丝体会突破拮抗线，长满培养料。如果在料中拌有多菌灵（多菌灵有效成分占料干重0.05%），则菌丝会突破拮抗线，最后长满培养料。

传播途径：培养基、培养料灭菌不彻底以及接种工具灭菌不彻底，带有木霉菌孢子；接种过程、运输过程、培养过程，空气中的木霉孢子侵入培养料或污染棉塞；在培养初期，风吹灭菌瓶袋，空气中的木霉孢子容易随气流进入培养料，发生杂菌侵染；栽培袋破裂，空气中的或工具上的木霉菌孢子从裂口处进入培养料，进行侵染。

防治方法：制种和熟料栽培中，供接菌种不带木霉菌。培养基、培养料、接种工具要彻底灭菌，不带杂菌。接种箱、接种室、培养室、运输工具要认真消毒，接种要严格无菌操作，严防木霉菌在接种、运输、培养过程中侵染培养料和污染棉塞。装袋、接种、运输、检查菌种的整个过程，要轻拿轻放，防止料袋破裂，孢子进入培养料。创造适宜的培养条件，使食用菌菌丝体迅速生长。料中加入多菌灵或甲基托布津（有效成分占料干重比为0.05%～0.10%）。

（2）青霉　常见的青霉菌有圆弧青霉（*P. cyclopium*）、产黄青霉（*P. chysogenum*）、绳状青霉（*P. funiculosum*）等，可侵染各种食用菌制种和栽培的培养基、培养料。

症状：菌丝体白色，气生菌丝少，呈绒状。菌落下的培养基有的着色，有的不着色。青霉菌的分生孢子呈黄色、黄绿色或绿色等。培养基、培养料污染青霉菌孢子，培养初期孢子萌发，长出白色菌丝体，形成小的绒状菌落。二三天后从菌落中心开始产生绿色或黄绿色的分生孢子，菌落中心为绿色，外圈为白色，菌落扩展有局限性。培养基下面有的产生色素，有的不产生。凡青霉菌污染处，食用菌菌丝体生长受到抑制。高温、高湿条件有利于青霉菌发生，但低温下也能生长。

传播途径与防治方法：同木霉菌。

（3）链孢霉　又称红色面包霉、脉孢霉，常见的种有好食脉孢霉（*N. sitophila*），严重为害所有食用菌的母种、原种、栽培种，以及食用菌菌筒。链孢霉感染被公认为食用菌栽培的“癌症”。污染茶薪菇的主要是粗糙脉孢霉和面包脉孢霉。

症状：菌丝体无色、白色或灰色，有分枝和隔膜，可产生分生孢子。在PDA培养基上链孢霉菌落初为白色，生长迅速，24小时长满斜面或平板。菌丝体很快向外蔓延，在棉塞外或皿底与皿盖之间产生大量菌落。成团的分生孢子，橘红色、粉状，可随风飘散，到处传播。链孢霉一般从瓶、袋口和塑料袋破口处侵染灭菌的培养料，很快长出白菌丝体，并迅速扩展，几天即可长满整瓶、整袋培养料，几天（最快24小时）即可从瓶口、袋口或破袋处长出大量粉状橘红色分生孢子。链孢霉白色菌丝体在培养料表面分布呈现不均匀的状态。而茶薪菇菌丝体是从菌种处向外生长，浓白，生长缓慢，或受到抑制。

传播途径：链孢霉种类很多，大多数生活在土壤或有机质

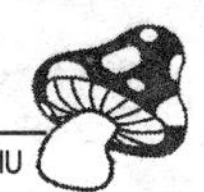

中，主要通过空气、土壤、培养料、水等途径进行传播。高温、高湿条件有利于链孢霉迅速传播和发展。

防治方法：灭菌锅、灭菌室、接种室三者之间距离要短。灭过菌的菌种瓶、菌种袋要减少与带杂菌运输工具的接触，应直接进入冷却室，接种室与拌料地应保持一定距离，防止拌料过程中抖动出来的杂菌孢子散播到接种室。培养室与接种室也不要连在一起，避免在培养过程中产生的链孢霉孢子扩散到接种室。

冷却室、接种室和培养室内外要搞好常规消毒，链孢霉污染的培养料切不可在菌种场内外到处堆放，降低接种室的链孢霉孢子密度。

培养料和接种工具灭菌要彻底，接种箱认真消毒，菌种要求无杂菌、适龄、健壮，接种要严格无菌操作，降低接种过程的杂菌污染率。

严防划破菌种袋和栽培袋，防止链孢霉孢子从破口处侵入。

降低培养室内空气湿度和温度，控制链孢霉的生长。

要及时检查菌种瓶、菌种袋和栽培袋，发现链孢霉污染，要挑出来处理掉，杜绝链孢霉孢子的再次感染。

在制种与栽培中，用多菌灵或甲基托布津2 000倍液拌料，可有效抑制链孢霉菌丝生长。

（4）**毛霉** 俗称长毛菌，为害茶薪菇的主要常见种有大毛霉（*M. mucedo*）、微小毛霉（*M. pusillus*）、总状毛霉（*M. racemosus*）和刺状毛霉（*M. spinosus*）等。

症状：菌丝初期白色透明，后期为淡黄色。在PDA培养基平板或斜面上，毛霉菌丝体白色，生长迅速。24℃下培养3天菌落扩展为5.2～6.0厘米，4天扩展为7.3～8.0厘米。可产生孢子囊，呈现出肉眼可看得见的散生小黑点。在母种的棉塞受潮后，也可见到散生小黑点，即孢子囊。毛霉污染原种、栽培种和菌筒，其菌丝生长迅速，后产生散生小黑点。

传播途径：毛霉在谷物、土壤、粪便及植物残体上广泛生长，毛霉孢子通过空气和工具传播。

防治方法：菌种生产和灭菌料栽培要严格无菌操作，防止毛霉孢子污染。

（5）曲霉　曲霉的种类较多，常见的有黑曲霉（*A. niger*）、黄曲霉（*A. flavus*）、亮白曲霉（*A. candidus*）、棒曲霉（*A. clavatus*）、杂色曲霉（*A. versicolor*）、土曲霉（*A. terreus*）等，其中以黑曲霉、黄曲霉发生最为普遍。在茶薪菇制种与栽培中，培养基、培养料常被曲霉污染。

症状：曲霉菌丝无色或白色，可产生分生孢子，炭黑色、黄绿色或淡绿色。PDA 培养基上黑曲霉菌落初为白色，菌丝体绒状，扩展较慢，后为黑色。分生孢子梗直立，不分枝。分生孢子球形，炭黑色，肉眼看呈黑色、疏松的颗粒状。黄曲霉菌落初略带黄色，后渐变为黄绿色。灰绿曲霉菌落初为白色，后为灰绿色，分生孢子椭圆形至球形，淡绿色。在培养基上，曲霉菌落初为白色，后变为黑色、黄绿色、淡绿色。

传播途径与防治方法：同毛霉。

（6）根霉　为害茶薪菇的主要是匍枝根霉［*R. stolonifer*（Ehrenb. ex Fr.）Vuill］，又称黑根霉、面包霉。多生于富含淀粉质的栽培料上，主要在茶薪菇制种和栽培阶段进行侵染。

症状：菌丝白色透明，无分隔，分为生于基质内的营养菌丝和产生繁殖体的气生匍匐菌丝。在 PDA 培养基上，根霉菌落初为白色，气生菌丝发达，产生呈现黑色小颗粒状的孢子囊，菌丝呈灰色。培养料发生根霉，菌丝迅速生长，很快长满培养料。料内产生许多孢子囊，呈现为散生小黑点，使培养料变为黑色。根霉菌丝生长分泌毒素，争夺营养，一定程度上影响菌种菌丝生长。

传播途径：菌种生产和熟料栽培污染根霉，主要通过空气传播孢子。

防治方法：菌种生产和熟料栽培，要严格无菌操作，预防根

霉污染；对已发生根霉污染的培养料，可注射5%石灰水，控制根霉的发展。

（7）盘菌类　在进行覆土出菇时，常常发生盘菌类杂菌危害。常见的有疣孢褐地碗菌、泡质盘菌和粪缘刺盘菌等。菌床上感染盘菌后，与茶薪菇竞争营养，抑制菌丝生长，造成减产。

发生条件：盘菌类平时生长在土壤和有机物上，是一种腐生菌，通过培养料和土壤传染，在有机质丰富、湿度大、中温至高温时发生。

防治方法：①覆土栽培时，覆盖用土应取地表下含有机质少的土壤，或土壤先用石灰水3%进行杀菌处理，防止土壤带菌传染。②出现盘菌污染后，应及时摘除其子实体，将其烧毁或深埋，然后在患病处喷灌0.1%的50%多菌灵液。

（二）生理性病害与防治

由于非生物因素（即非侵染性病原）的作用造成食用菌的生理代谢失调而发生的病害，叫非侵染性病害，也叫生理病害。非生物因素是指生长环境条件不良或栽培措施不当，如培养料含水量过高或过低、pH过小或过大、空气相对湿度过高或过低、光线过强或过弱、二氧化碳浓度过高以及农药、生长调节物质使用不当等。这类病害不会传染，一旦环境改善，病害症状便不再继续，一般能恢复正常状态。茶薪菇生理性病害最常见的症状是畸形。

1. 退菌

（1）症状　在茶薪菇走菌期，本来走菌正常的菌袋，在几天时间里，菌丝由白变黄，菌袋内菌丝生长的部位变为培养料原色，掏出受害部位，不成菌块，菌丝少或不明显，无香味或不明显。

（2）病因　①走菌温度过高（35℃以上）：由于温度过高，菌丝呼吸作用强，产生更多的热量，再加上培养场所通风透气性差，造成堆温超过35℃，菌丝自溶，出现退菌。②缺氧：茶薪菇属好气性真菌，如果培养场所通风不良，菌袋翻堆次数不够，尤其是夏天，若不注意菌袋通风换气，则容易造成缺氧，产生退菌现象。③喷水过多：由于喷水过多，造成菌袋内积水，导致菌丝渍水而亡或溶解。

（3）防治方法　①避免高温季节制袋培养。在较高温季节发菌时，要注意菌袋疏散，并做好场地降温工作。②注意发菌培养场所的通风换气，培养期长的菌袋，要进行打孔增氧处理。③喷水要适量，并清除菌袋内积水，加强通风换气。

2. 菇蕾萎缩死烂

（1）症状　菇蕾萎缩，变黄死亡。有时甚至成片或成批死亡，严重影响产量。

（2）病因　①秋末、春季出菇期出现连续 28℃以上的高温，造成养分倒流，使小菇蕾因缺乏营养而萎缩死亡。②菇房通风不良，二氧化碳浓度过高，菇蕾因缺氧而造成枯萎。③覆土出菇时，由于出菇前菌丝生长太快，出菇部位过高，菇蕾过密，造成营养不良，致使部分菇蕾死亡。④气温在 28℃以上，相对湿度在 95%以上，喷水后关闭门窗，菌丝体表面有积水，使菇蕾窒息死亡。⑤采菇及其他管理操作不慎，造成机械损伤而使菇蕾死亡。⑥喷药次数过多或数量过大，菇蕾因药害死亡。

（3）防治方法　①根据当地气候条件，合理安排接种时间，避免高温季节出菇。②春季后期注意菇房温度，防止高温袭击。③覆土调水阶段，防止菌丝长出土面，压低出菇部位，避免现蕾过密。④高温时喷水要打开门窗。⑤防治病杂菌和虫害时用药要适时适量，出菇期间禁用。

（三）侵染性病害与防治

由于病原生物的侵染，造成茶薪菇生理代谢失调而发生的病害，叫侵染性病害或传染性病害。常见类型有：

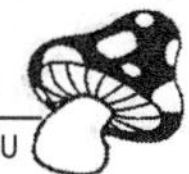

1. 褐腐病

（1）症状表现　受害的茶薪菇子实体停止生长，菌盖、菌柄的组织和菌褶均变为褐色，最后腐烂发臭。病原菌为疣孢霉（*Mycogone perniciosa* Magn），多发生于含水量多的菌袋上，在气温20℃时发病增多。主要是通过被污染的水或接触病菇的手、工具等传播，侵入子实体组织的细胞间隙中繁殖，引起发病。

（2）防治措施　①搞好菇棚消毒，培养基必须彻底灭菌处理。②出菇期间保湿和补水用水要清洁，同时加强通风换气，避免长期处于高温、高湿的环境。③受害菇及时摘除、销毁，然后停止喷水，加大通风量，降低空气相对湿度。④采用链霉素1∶50倍溶液喷洒菌袋，杀灭暗藏在袋内的病菌，避免第二潮长菇时病害复发。⑤成菇及时采收，在菌盖未完全展开之前采收。采摘下来的鲜菇，及时销售或加工处理，夏季存放时间不宜过长。

2. 软腐病

（1）症状表现　受害的茶薪菇菌盖萎缩，菌褶、菌柄内空，弯曲软倒，最后枯死、僵缩。病原菌为茄腐镰孢霉（*F. mart* Sacc.），受侵染子实体组织形成一层灰白色霉素状物，此为部分孢子梗及分生孢子。此病菌平时广泛分布在各种有机物上，空气中飘浮的分生孢子在高温、高湿条件下发病率高，侵染严重的造成歉收。

（2）防治措施　①原料曝晒，培养基配制时含水量不超过60%，装袋后灭菌要彻底。②接种选择午夜气温低时进行，严格无菌操作。③菌袋开口诱发原基前，用50%敌敌畏乳油1 000倍液喷洒杀菌，开口后控制23～25℃适温，空气相对湿度80%。④幼菇阶段发病时，可喷洒pH为8的石灰上清液，成菇期发生此病，提前采收，并用5%石灰水浸泡，产品经清水洗后烘干。

3. 猝倒病

（1）症状表现　病菇菌柄收缩干枯，不发育，凋萎，但不腐烂，使产量减少，品质降低。病原菌为腐皮镰孢霉［*F. solani*

(Mart.) Sacc.]。多因培养料质量欠佳，如棉籽壳、木屑、麦麸等原、辅料结块霉变混入；装料灭菌时间拖长，导致基料酸败；料袋灭菌不彻底，病原菌潜藏于培养基内，在气温超过 28℃时发作。

(2) 防治措施 ①优化基料，棉籽壳、麦麸等原、辅料要求新鲜无结块、无霉变。②装袋至上灶灭菌时间不超过 6 小时，灭菌达 100℃后保持 16～20 小时。③发菌培养防止高温烧菌，室内干燥，防潮、防阳光直射。④菌袋适时开口增氧，促进原基顺利形成子实体。长菇温度掌握在 23～28℃，空气相对湿度为 85%～90%。⑤子实体发育期一旦发病应提前采收。及时搔去受害部位的基质，并喷洒 75%百菌清1 500倍液；生息养菌 2 天后，喷水增湿促进继续长菇。

4. 黑斑病

(1) 症状表现 受害的茶薪菇子实体出现黑色斑点，在菌盖和菌柄上分布，菇体色泽反差明显。轻者影响产品外观，重者导致霉变。病原菌为头孢霉（*Cephalosporium* sp.），主要是通过空气、风、雨、雾进行传播；常因操作人员及工具接触感染；菇房温度在 25～30℃、通风不良及喷水过多，菇体淤积过甚时，此病易发。

(2) 防治措施 ①保持菇房清洁卫生，通风良好，防止高温、高湿。②接种后适温养菌，加强通风，让菌丝正常发透。③出菇阶段喷水掌握轻、勤、细的原则，每次喷水后要及时通风。④幼菇阶段受害时，可用 pH 为 8 的石灰上清液喷洒；成菇发病及时摘除，并挖掉周围被污染部位，及时喷洒 90%新植霉素可溶性粉剂4 000倍液，或用 5%异菌脲可湿性粉剂1 000倍液喷洒。

5. 霉烂病

(1) 症状表现 受害子实体出现发霉变黑，烂掉，闻有一股氨水臭味，传播较快，严重时导致整批霉烂歉收。病原菌为绿色木霉（*T. viride* Pers. ex S. F. Grey），侵染子实体表层，初期为粉白色，逐渐变绿色、墨黑色，直到腐烂、霉臭。多因料袋灭菌不彻底，病原菌潜伏基质内，导致长菇时发作，由菌丝体转移到子实体。同时，菇房湿度偏高、通风不良有利于蔓延，受害菇失去商品价值。

（2）防治措施　①彻底清理接种室、培养室及出菇棚周围环境。在菇棚周围约30米距离内，喷洒50%多菌灵可湿性粉剂400倍液，密闭2天后方可启用。②料袋含水量不宜超过60%，并彻底消毒，不让病菌有潜藏余地。③接种严格执行无菌操作，培养室预先喷洒75%百菌清可湿性粉剂1 500～2 000倍液，杀灭潜存在室内的病原菌。④发生病害后，将病袋移出焚烧或深埋。

6. 枯死病

（1）症状表现　常发生在原基出现后不久枯死，不能分化成子实体，影响一潮菇的收成。其病原为线虫。常在梅雨、闷湿、不通风的情况下发生，线虫以针口刺入菌丝内，吸食细胞液，造成菌丝衰退，不能提供养分、水分供给原基生长与分化，以致枯死。有时也会直接吸食原基和幼菇，使茶薪菇子实体失去生长发育的能力而枯死。

（2）防治措施　①菇房及一切用具预先消毒，不给线虫以存活条件。②培养料采取先集堆发酵后，再装袋灭菌。③发菌培养注意控温，以不超过28℃为好。气温高时应及时进行疏袋散热，夜间门窗全开，整夜通风，使堆温、袋温降低，育好母体，增加抗逆力。④适时开口增氧，促使菌丝正常新陈代谢，如期由营养生长转入生殖生长，出好菇。⑤幼菇阶段喷水宜少、宜勤，不可过量，防止积水；同时，注意通风换气，创造适宜的环境条件。对已受害的及时摘除，并剔除表层。停止喷水2天后，让菌丝复壮，然后适量喷水，促进再长菇。

7. 空疮病

（1）症状表现　子实体形成期常出现被虫咬食成空疮，失去商品价值。主要害虫有：小菌蚊（*Sciophila* sp.）、蚤蝇（*Me-*

gaselia sp.）、紫跳虫（*Hyqogastrura communis* Folsom）。

这些害虫多因菇棚周围乱堆垃圾、杂草丛生，给害虫提供寄生繁衍条件，加之菇房防虫设施不全，害虫飞入为害。

（2）防治措施　①做好菇房及周围的环境卫生，并用生石灰消毒，杜绝虫源。②菇房门窗和通气孔安装60目纱网，阻止成虫飞入，并在网上定期喷洒植物制剂的除虫菊药液。③房内安装黑光灯诱杀，或在房内灯光下放半脸盆的0.1%7051杀虫素乳油；也可将黏胶涂于木板上，挂在灯光的附近，黏杀入侵害虫。④成菇提前采收。

（四）主要虫害与防治

1. 螨类　螨类俗称菌虱，属蛛形纲蜱螨目，是一些体形只有针尖大小的害虫，要用显微镜或放大镜才便于观察。螨类对茶薪菇有较大的危害。螨类主要潜藏在厩肥、饼粉、米糠、麸皮中，栽培过程中随这些材料侵入。脱皮阶段的若虫腹部有吸盘，能吸附在蝇类或其他昆虫上，也可附在管理人员的衣服上进行传播。螨类的嗅觉十分灵敏，播种后就很快聚集到菌种块周围，嗜食菌丝体，使菌种不能萌发和生长。若在菌丝体生长和子实体形成时侵入，则把菌丝咬断，引起菌蕾死亡，或子实体萎缩，严重时把菌丝全部吃光，以致不能出菇。螨类喜栖温暖、潮湿的环境，在18～30℃下，栽培场所湿度大，最适合其生长繁殖。特别是在栽培卫生差，或靠近鸡舍、谷物仓库、碾米厂和用稻草作铺垫物时，最易引起螨类的发生。

防治措施：

①菌种培养室和菇房应远离谷物仓库、饲料间和鸡舍，以杜绝虫源。

②冬季火烧或翻耕出菇场，并撒生石灰，可防来年的螨害。

③严格处理栽培料，如培养料堆放时，按每110米^{2}的培养

料中加入500克二嗪农拌匀，以杀死成虫或卵。

④覆土防螨。挖取15厘米以下清洁土层做覆土材料或用石灰、甲醛处理覆土。

⑤采用出菇床面自然干燥结合水淹防治害螨，效果较好，操作简便。每茬菇采收后，停水，让菇床干燥。干燥一段时间后再喷水，并在床面和四周撒生石灰即可。

⑥菜籽饼诱杀。炒熟的菜籽饼具有浓厚的油香味，在床面上铺若干条纱布，其上撒一层刚炒好的菜籽饼粉少许，螨类即聚集于纱布上。然后将纱布浸入沸水或浓石灰水中杀灭。

⑦糖醋纱布、糖炒麦麸诱杀。糖7份，醋3份拌成糖醋液，将纱布浸入捞起拧干后，盖在有螨的菇床上，纱布上再放一层3毫米厚的糖炒麦麸，害螨可集中其上取食，可杀灭。

⑧腥物诱杀。将猪骨、蛋壳等腥物置于菇床，可引诱螨类，然后用沸水或石灰水洗杀。

⑨鲜烟叶诱杀。新鲜烟叶具有特殊香味，且背面有黏性，把鲜烟叶背面朝上相隔铺于菇床，螨类即被诱至其上。待烟叶上聚集螨较多时，轻轻取下到室外销毁。

2. 蝇、蚊类害虫 在茶薪菇制种与栽培过程中，有危害的蚊蝇类害虫，一般个体小、繁殖速度快、种群数量大，稍不注意就可造成灾难性的损失。

菇蝇：以幼虫蛀食菌丝体和菌柄、菌盖，严重时可使幼菇死亡。成虫不直接为害，但可传播有关病菌及螨类。

粪蝇：幼虫咬食菌丝体时，还能蛀食子实体，从菇根起蛀食成隧道状，进入菌柄直至菌盖穿孔而出，造成极大的危害。

瘿蚊：主要来自培养料。如培养场所的卫生差，四周堆放腐烂的杂物或粪肥，以及通风不良、湿度大、死菇多，就易招致成虫产卵，其危害更为严重。

防治措施：

①注意栽培环境的卫生和培养料的灭菌杀虫工作。

②栽培房门、窗装纱网，防止成虫飞入产卵。

③电灯诱杀，即在房内放几盆水，盆内滴几滴松节油，每只盆上悬挂一盏电灯，成虫见光后飞到水盆上，闻到松节油就晕倒落水。

④在菌丝生长阶段，可用800倍敌敌畏喷于报纸上，用此报纸覆盖培养基熏蒸24小时后取出报纸，对上述害虫有较好的防效。

⑤床面无菇时，用0.1%的鱼藤精或2%的乐果溶液喷洒杀灭。

⑥上述病害大量发生无菇时，按每110米^{2}床面用1千克敌敌畏进行熏蒸，同时在床面上喷洒0.6%敌敌畏或乐果溶液，有较好防效。

3. 蜗牛 喜生活在阴暗、潮湿、多腐殖质的地方，喜食茶薪菇菌盖。当相对湿度低于50%时，蜗牛就会躲在隐蔽处不出来活动。光线对其活动也有一定的影响，在微弱光下或夜晚蜗牛活动频繁。

防治措施：

①改善栽培场所的通气、透光条件，保持环境卫生。

②人工灭卵。4～6月是蜗牛产卵盛期，卵多产于较疏松湿润的土块空隙或枯叶下，或菇场附近垃圾堆的废料中。此时常松土、清除垃圾可以大量消灭蜗牛卵，以减少为害。

③人工捕杀。晚上用手电在其为害处寻找捕杀之。

④植物诱杀。把青草、菜叶分小堆放在蛞蝓、蜗牛经常活动的地方，于清早检查青草、菜叶堆，可以捕获大量的蜗牛，集中消灭。

⑤撒石灰粉。用消石灰撒在蜗牛经常出没的地方，可阻止其为害。

⑥设立阻隔。在栽培场四周设立药剂阻隔带，防止成、幼虫进入场内为害菇。阻隔带药剂可选用贝螺灭或五氯酚钠等（注意

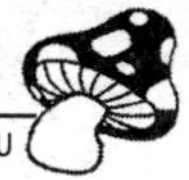

防止家禽畜进入中毒）。

⑦床面无菇时，可直接喷洒 0.4%敌百虫液或氯氰菊酯1 000倍液。

⑧床面有菇时，可喷洒 0.1%鱼藤精或 0.5%除虫菊，或用硫酸烟碱喷射培养室或出菇棚内。也可在地面撒上石灰进行防治。

4. 蛴螬 金龟子幼虫，属昆虫纲鞘翅目金龟子科。常侵害覆土栽培的茶薪菇，尤以小雨连绵天气为害较严重。

防治措施：

①利用其趋光性，用黑光灯诱杀成虫。

②农业防治法。主要抓及时耕翻土地，消灭越冬虫体；在成虫发生期，利用其假死性进行人工捕捉。

七、茶薪菇保鲜与加工及产品标准

（一）成熟标志

茶薪菇采收的标志，应根据市场需求而定。保鲜应市菇要求子实体成熟度七成时采收，一般为菌盖呈半球形，表面光泽，菌柄茁壮伸展，近白色时就要采收。加工干菇时，则要求子实体八成熟时采收，即菌膜已破，菌盖尚未完全展开，菌柄茁壮伸长，菌褶由白色转为黄褐色时，为适时采收期。适时采收的茶薪菇，色泽鲜艳，菌盖厚，肉质柔韧；菌柄大小适中，脆嫩，香味浓郁，商品价值高。过期采收，菌伞平展，肉薄，菌柄伸长细小，色变褐，重量减轻，商品价值低。

（二）采收方法

1. 容器选定　采集鲜菇宜用小箩筐或竹篮子装盛，并要轻放轻取，保持茶薪菇的形态完整，防止互相挤压，菇柄折断，影响品质。特别不宜采用麻袋、木桶、木箱等容器，以免造成外观损伤或霉烂。采下的鲜菇要按菇柄长短、菇盖大小、朵形好坏进行分类，然后分别装入塑料周转筐内，以便分级加工。

2. 采菇时间　晴天采菇有利于加工。阴雨天一般不宜采收，因雨天茶薪菇含水量高，保鲜加工易霉烂，且加工干品也难以干

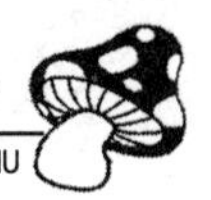

燥，影响品质。若菇已成熟，不采就要误过成熟期时，雨天也要适时采收，但要抓紧加工干制。

3. 采集方法 对丛生成熟的菇体，一次性采完。摘菇时左手提菌筒，右手大拇指和食指捏紧菇柄的基部，先左右旋转，再轻轻向上整丛拔起，让菇脚残留在菌筒上。不可粗枝大叶，防止损伤菌筒表面的菌膜。

4. 采前控水 茶薪菇采收前不宜喷水，因为采前喷水子实体含水量过高，保鲜或脱水加工时会变色，色泽不好，商品价值低。

（三）保鲜与加工技术

1. 低温冷藏保鲜技术 茶薪菇保鲜应市，要求保持原有的形态、色泽和田园风味，要达到这个标准，其保鲜加工技术标准如下：

（1）冷藏设施 根据本地区栽培面积的大小和客户需求的数量，确定建造保鲜库的面积。其库容量通常以能容纳鲜菇 3～5 吨为宜，也可以利用现有水果保鲜库贮藏。

保鲜库应安装压缩冷凝机组、蒸发器、轴流风机、自动控温装置、供热保温设施等。如果利用一般仓库改建的保鲜库，也需安装有机械设备及工具等。冷藏保鲜的原理是通过降低环境温度，来抑制鲜菇的新陈代谢和抑制腐败微生物的活动，使之在一定时间内，保持产品的鲜度、颜色、风味不变。茶薪菇组织在 4℃以下停止活动，因此保鲜库的温度以 0～4℃为宜。

（2）鲜菇质量标准 保鲜茶薪菇要求菌盖半球圆整，菇柄茁壮，长短适中，色泽灰白，菇体含水量低，无沾泥、无虫害、无缺破，保持自然生长的优美形态。符合要求的作为冷藏保鲜，不合标准的作为烘干加工处理。如果采前 10 小时有喷水的，就不合乎保鲜质量要求。

（3）预冷控制 茶薪菇采收后，菇体内水分大量散失，菌褶开始变褐，风味劣变，商品价值下降，为此采收后要及时移入0～1℃的冷库中预冷15～20小时。预冷的目的是除去菇体从田间带来的热量，使组织温度降低到一定程度，以延缓代谢速度，防止失水、变黄或软腐。预冷的时间，以菇体中心部位温度降至与冷库温度相同为宜。冬季低温季节，当外界气温在0℃左右时，菇体温度低，不需冷库预冷。鲜菇在－0.5℃以下，会产生冻害，应该注意。

（4）包装用品　对预冷的鲜菇，进行分级、整修和包装。包装要执行《绿色食品　包装通用准则》（NY/T658—2002）标准。把鲜菇逐层摆放于泡沫塑料箱中，每箱净重14千克。箱底和箱面铺放包装纸，在箱面纸上放1～2袋降温冰块，箱口用胶带贴封。塑料泡沫箱的外形规格为长48厘米、高20厘米。塑料泡沫箱要符合《食品包装用聚苯乙烯成型品卫生标准》（GB9689）。包装车间温度恒定在5～10℃。包装后放回0℃的冷库内暂存。

（5）运输要求　根据市场运达时间的长短，进行技术处理。据苏云忠（2005）试验，运输时间在48小时以内，可在泡沫箱内两侧各放一袋降温冰块，每袋放入碎冰4～5千克，扎牢袋口，然后盖好箱盖，用塑料胶带密封，普通汽车即可运输。如果运输时间需10天到达，应采用冷藏车运送，温度控制在1℃±0.5℃。采取上述技术处理，一般鲜菇贮藏期为25天，好菇率达97%～100%，变褐色1.5%，软化率1%，失重率1.5%，没有腐烂和异味，感官鲜度好。

运输基本要求为快装、轻装、快运、快卸、防热、防冻。运输工具，出口远距离国家或地区，多采用空运，迅速快捷，商品鲜度好；沿海产区也可采用冷柜海运，成本低。

2. 脱水烘干技术　茶薪菇脱水烘干是加工的一个重要环节，它占整个产菇量的70%。我国现有加工者均采取机械脱水烘干流水线，鲜菇1次进房烘干，使茶薪菇形态、色泽好，香味浓

郁，品质提高。具体技术规程如下：

（1）脱水干制梯度与等度　茶薪菇脱水干燥的原理，概括为“两个梯度、一个等度”。

①湿度梯度。当菇体水分超过平衡水分，菇体与介质接触，由于干燥介质的影响，菇体表面水分向外界环境扩散，菇体表面水分逐渐降低，当表面水分低于内部水分时，水分便开始由内向表面移动。因此，菇体水分可分若干层，由内向外逐层降低，这叫湿度梯度。它是脱水干燥的一个动力。

②温度梯度。在干制过程中有时采用升温、降温、再升温的方法，形成温度波动。当温度升高到一定程度时，菇体内部受热；降温时菇体内部温度高于表面温度，这就构成内外的温度差异，叫温度梯度。水分借温度梯度，沿热流方向迅速向外移动而使水分蒸发，因此温度也是干燥的一个动力。

③平衡等度难关。干制是菇体受热后热由表面逐渐转向内部，温度上升造成菇体内水分移动。初期一部分水分和水蒸气的移动，使菇体内、外部温度梯度降低；随后水分继续由内部向外移动，菇体含水量减少，即湿度梯度变小，逐渐干燥。当菇体水分减少到内外部平衡状态时，其温度与干燥介质的温度相等，水分蒸发作用就停止。

（2）机械烘干技术规程　茶薪菇脱水烘干每 11 千克鲜菇，烘成干品 1 千克，晴天需要 16 小时，雨天需要 18～20 小时。下面介绍机械脱水烘干技术规程。

①精选原料。鲜菇要求在八成熟时采收。采收时不可把鲜菇乱放，以免破坏朵形外观；同时鲜菇不可久置于 24℃以上的环境中，以免引起酶促褐变，造成菇褶色泽由白变浅黄或深灰甚至变黑，同时禁用泡水的鲜菇。根据市场客户的要求分类整理。在烘干前，为了降低鲜菇含水量，可把鲜菇排于烘干筛上晾晒4～5小时，以手摸菇柄无湿感为好。

②装筛进房。把鲜菇按柄大小、长短分级，重叠于烘筛上。

其叠菇的厚度以不超过16厘米为宜。若叠菇量太薄，整机烘干量少；太厚，叠堆烘干度差。一般每筛排放鲜菇2～2.5千克为宜。摊排于竹制烘筛上，然后逐筛装进筛架上。装满架后，筛架通过轨道推进烘干室内，把门紧闭。若是小型的脱水机，则只要把整理好的鲜菇摊排于烘筛上，逐筛装进机内的分层架上，闭门即可。烘筛进房时，应把菇柄长、大、湿的鲜菇排放于中层；菇柄短小的、薄的排于上层，质差的排于底层。

③掌握温度。鲜菇装入烘干房后，要掌握好始温、升温和终温三个阶段。

第一始温：鲜菇含水量高，突然与高热空气相遇，组织汁液骤然膨胀，易使细胞破裂，内容物流失。同时，菇体中的水分和其他有机物，常因高温而分解或焦化，发生菇褶变黑，有损成品外观与风味。干燥初期的温度也不能低于30℃，因为起温过低，菇体内细胞继续活动，也会降低产品的等级。各地实践证明，茶薪菇起始的温度以40℃为宜。通常鲜菇进房前，先开动脱水机，使热源输入烘干房内，鲜菇一进房，就处在40℃温度条件，有利于钝化过氧化物酶的活性，持续1小时以上，这样的起始温度，能较好地保持鲜菇原有的品质。

第二升温：始温持续1小时以上之后，介质温度不能升得过高和过快。温度过高，菇体中酶的活性迅速被破坏，影响香味物质的形成；温度上升过快，会影响干品质量。因此，应采用较低温度和慢速升温的烘干工艺。一般使用强制通风式的烘干机，干制温度可从40℃开始，逐渐上升到60℃；使用自然通风式烘干机的，可从35℃开始，逐渐上升至60℃，升温速度要缓慢，一般以每小时升温1～3℃为宜。

第三终温：干制的最终温度也不能过高，如高于73℃时，茶薪菇的主要成分蛋白质将遭到破坏。同时，在过高的温度下，菇体内的氨基酸与糖互相作用，会使菌褶呈焦褐色。但温度也不能过低，如低于60℃，则干品在贮藏期间容易发生谷蛾、蕈蚊

等害虫的为害。因为原已产在菇体上的这些害虫的卵，其致死温度为 60℃，且需持续 2 小时，所以干制的最终温度，一般以不低于 60℃为原则，烘干时间为 1～2 小时。

④排湿通风。茶薪菇脱水时水分大量蒸发，要十分注意通风排湿。当烘干房内空气相对湿度达到 70%，就应开始通风排湿。如果人进入烘房时骤然感到空气闷热潮湿，呼吸窘迫，即表明空气相对湿度已达 70%以上，此时应打开进气窗和排气窗进行通风排湿。干燥天和雨天气候不同，鲜菇进烘房后，要灵活掌握通气和排气口的关闭度，使排湿通风合理，烘干的产品色泽正常。

⑤干度测定。经过脱水后的成品，要求含水率不超过 13%。测定含水量的方法：感官测定，可用指甲顶压菇柄，若稍留指甲痕，说明干度已够。若一压即断说明太干。电热测定：可称取菇样 10 克，置于 105℃电烘箱内，烘干 1.5 小时后，再移入干燥器内冷却 20 分钟后称重，样品减轻的重量，即为茶薪菇含水分的重量。鲜菇脱水烘干后的实得率为 11∶1，即 11 千克鲜菇得干品 1 千克。若是采取加工前菇体经晾晒排湿 4～5 小时的，其干品实得率为 7∶1。鲜菇脱水烘干时，也不宜烘干过度，否则易烤焦或破碎，影响质量。

3. 干菇包装贮藏保管技术 茶薪菇干品吸潮力很强，经过脱水加工的干品，如果包装、贮藏条件不好，极易回潮，发生霉变及虫害，造成商品价值下降和经济损失。为此，必须把好贮藏保管最后一关。

(1) 检测干度　凡准备入仓贮藏保管的茶薪菇，必须检测干度是否符合规定标准，干度不足一经贮藏会引起霉烂变质。如发现干度不足，进仓前还要置于脱水烘干机内，经过 50～55℃烘干 1～2 小时，达标后再入库。

(2) 严格包装　茶薪菇脱水烘干后，应立即装入符合 GB9687 标准卫生规定的低压聚乙炔烯双层塑料袋内，袋口缚紧，不让透气。包装前严格检查，所有包装品应干燥、清洁、无破裂、无虫蛀、无异味、无其他不卫生的夹杂物。按照出口要求规格，用透明塑料包装，每袋装量3千克，用抽真空封口。外用瓦楞纸包装箱，规格为66厘米×44厘米×57厘米，箱内衬塑料薄膜，每箱装5～6袋。要严格执行农业部《农产品包装和标识管理办法》(2006年11月1日起实施)中的有关规定。

(3) *专仓贮藏* 贮藏仓库强调专用，不得与有异味的、化学活性强的、有毒性的、易氧化的、返潮的商品混合贮藏。库房以设在阴凉干燥的楼上为宜，配有遮阴和降温设备。进仓前仓库必须进行1次清洗，晾干后消毒。用气雾消毒盒，每立方米3克，进行气化消毒。库房内空气相对湿度要求不超过70%，可在房内放1～2袋生石灰粉吸潮。库内温度以不超过25℃为好。度夏需转移至5℃左右保鲜库内保管，1～2年内色泽仍然不变。仓库定期检查，发现霉变立即处理。

(四) 产品质量标准

目前有关无公害茶薪菇质量的国家和行业标准已经制定。

(1) 感官指标应符合表6的规定。

表6　无公害食品茶薪菇感官指标

项　目	指　标	
	鲜　品	干　品
颜色	菌盖乳白色（白色品种）或棕色至茶褐色	菌盖暗棕色至茶褐色
菌褶	无倒伏	较整齐
气味	具茶薪菇特有的香味，无异味	具茶薪菇特有的香味，无异味
霉烂菇	无	无
有害杂质	无	无
虫蛀菇,%（质量分数）	≤1	≤1
一般杂质,%（质量分数）	≤0.3	≤0.3

（2）安全指标应符合表 7 的规定。水分：鲜品≤92%；干品≤13%。

表 7　无公害食品茶薪菇的安全指标

项　目	指标（毫克/千克）	
	鲜茶薪菇	干茶薪菇
砷（以 As 计）	≤0.5	≤1.0
铅（以 Pb 计）	≤1.0	≤2.0
汞（以 Hg 计）	≤0.1	≤0.2
镉（以 Cd 计）	≤0.5	≤1.0
六六六（BHC）	≤0.1	≤0.1
滴滴涕（DDT）	≤0.1	≤0.1
溴氰菊酯	≤0.01	

注：根据《中华人民共和国农药管理条例》，剧毒和高毒农药不得在蔬菜（包括食用菌）生产中使用

[主要参考文献]

蔡衍山，等．2004．食用菌无公害生产技术手册．北京：中国农业出版社．

丁湖广，丁荣峰，等．2008．怎样提高茶薪菇种植效益．北京：金盾出版社．

国家质量监督检验检疫总局．2001．农产品安全质量无公害蔬菜安全要求．北京：中国标准出版社．

李银庆．2000．茶薪菇高产栽培技术．广州：广东科学技术出版社．

沈茂里，等．2006．茶树菇高产栽培技术．食用菌（4）．

王世东，曹德宾，等．2004．绿色食用菌标准化生产与营销．北京：化学工业出版社．

王世东，等．2005．食用菌．北京：中国农业大学出版社．

杨新美．1988．中国食用菌栽培学．北京：农业出版社．

张金霞．2004．食用菌安全优质生产技术．北京：中国农业出版社．

张金霞，黄晨阳，等．2007．无公害食用菌安全生产手册．北京：中国农业出版社．

中华人民共和国农业部．2000．绿色食品　产地环境技术条件．北京：中国标准出版社．

邹积华，王世东，等．2000．食用菌优质高产栽培技术．济南：山东人民出版社．

图书在版编目（CIP）数据

茶薪菇无公害栽培实用新技术/包水明，方金山，李荣同编著．—北京：中国农业出版社，2010．2
（科普惠农种菇致富丛书）
ISBN 978-7-109-14412-5

Ⅰ．①茶…　Ⅱ．①包…②方…③李…　Ⅲ．①食用菌类－蔬菜园艺－无污染技术　Ⅳ．①S646．1

中国版本图书馆 CIP 数据核字（2010）第 032003 号

中国农业出版社出版
（北京市朝阳区农展馆北路 2 号）
（邮政编码 100125）
责任编辑　孟令洋

北京通州皇家印刷厂印刷　　新华书店北京发行所发行
2010 年 4 月第 1 版　　2010 年 4 月北京第 1 次印刷

开本：850mm×1168mm　1/32　　印张：3．625　　插页：4
字数：81 千字　　印数：1～6 000 册
定价：10．00 元